高等学校土木工程专业规划教材

大 跨 空 间 结 构

（第二版）

本教材编审委员会组织编写

完海鹰　黄炳生　主编

单　　健　主审

中国建筑工业出版社

图书在版编目（CIP）数据

大跨空间结构/本教材编审委员会组织编写．完海
鹰，黄炳生主编．—2版．—北京：中国建筑工业出
版社，2007
高等学校土木工程专业规划教材
ISBN 978-7-112-09332-8

Ⅰ.大…　Ⅱ.①本…②完…③黄…　Ⅲ.大跨度结构：
空间结构-高等学校-教材　Ⅳ.TU35

中国版本图书馆 CIP 数据核字（2007）第 099109 号

本书共分为 4 章，主要阐述大跨空间结构中的网架结构、网壳结构和悬索结构的结构形式、特点和应用范围，并围绕设计展开描述。此外，对杂交结构、张拉结构、膜结构等一些空间结构体系也做了简要介绍。书后附有必要的设计选用表格。由于这是一门选修课程，使用时可根据具体要求选择本书的部分章节讲授。

本教材可作为土木工程专业高年级学生教学用书，也可供建筑工程设计人员和施工技术人员参考。

责任编辑：朱首明　李　明

责任校对：王　爽

高等学校土木工程专业规划教材

大 跨 空 间 结 构

（第二版）

本教材编审委员会组织编写

完海鹰　黄炳生　主编

单　健　主审

＊

中国建筑工业出版社出版、发行（北京西郊百万庄）

各地新华书店、建筑书店经销

北京密云红光制版公司制版

北京京华铭诚工贸有限公司印刷

＊

开本：787×1092 毫米　1/16　印张：10¾　字数：260 千字
2008 年 4 月第二版　　2018 年 11 月第十次印刷
定价：**19.00** 元
ISBN 978 - 7 - 112 - 09332 - 8
（15996）

高等学校土木工程专业规划教材

编审委员会名单

顾　　　　问：宰金珉　　何若全　　周　氐

主 任 委 员：刘伟庆

副主任委员：柳炳康　　陈国兴　　吴胜兴　　艾　军　　刘　平
　　　　　　　于安林

委　　　员：孙伟民　　曹平周　　汪基伟　　朱　伟　　韩爱民
　　　　　　　董　军　　陈忠汉　　完海鹰　　叶献国　　曹大富
　　　　　　　韩静云　　沈耀良　　柳炳康　　陈国兴　　于安林
　　　　　　　艾　军　　吴胜兴　　王旭东　　胡夏闽　　吉伯海
　　　　　　　丰景春　　张雪华

第 二 版 前 言

本教材出版已经 6 年时间了，在这 6 年中，大跨空间结构作为一门反映现代结构现状与进展的学科，已经发生了许多变化，取得了喜人的成果。因此，本教材的再版就提到日程上来了。

这次再版修订工作，重点放在内容的更新上，对原有内容依据新规范做出了相应地修改，增补了近年来出现的新技术、新工艺、新结构的相关内容。主要有：第 1 章增加了近些年发展起来的新型结构型式——管桁架结构和张弦梁结构的相关内容；第 2 章按《建筑结构荷载规范》（GB 50009—2001）对荷载组合进行了修改，增加了近年来应用较多的网架结构的移动支架法的介绍。根据近年来的教学体会，增加了螺栓球节点和焊接空心球节点的设计例题，以方便学生更全面的掌握网架结构的设计体系；第 3 章按《网壳结构设计规程》（JGJ 61—2003）对网壳结构的稳定计算和地震作用下网壳的内力计算进行了修改；删除了第 4 章三种悬索结构在荷载作用下的平衡方程和内力计算公式等内容，增加了悬索结构的有限元分析。此外，在教学过程中发现的第一版存在的缺点和错误，本版也都做了修改。

本书第 1 章的 1.1、1.2、1.3.1、1.3.2 节和第 3 章由合肥工业大学完海鹰教授编写；第 1 章的 1.2.3 节、第 2 章的 2.4、2.5、2.6、2.7、2.11 节和第 4 章的 4.1、4.3 节由南京工业大学黄炳生副教授编写；第 2 章的 2.1、2.2、2.3、2.8、2.9、2.10 节，第 4 章的 4.2.2 节由苏州城建环保学院方恬副教授编写，4.2.1、4.2.3、4.2.4、4.2.5 节由河海大学张华博士编写。全书由完海鹰、黄炳生主编，由东南大学博士生导师单健教授主审。

书中的不足之处，恳请读者及把本书作为教材的师生提出宝贵意见，以便再版时修改。

第 一 版 前 言

本书是根据"土木工程专业系列选修课教材"编审委员会 1999 年 3 月南京会议审定的"大跨空间钢结构编写大纲"编写的。

全书围绕我国有关大跨空间钢结构工程方面的技术规程，以结构设计为主线，紧密结合工程实际。本书既可作为土木工程专业本科选修教材，也可供工程设计人员参考。

由于本课程学时少，教学内容较多，宜采用电化教学方式。第 1、第 2 章内容是教学的重点，第 3、第 4 章内容应讲清基本概念和基本方法。

本书第 1 章的 1.1、1.2、1.3.1、1.3.2 节和第 3 章由合肥工业大学完海鹰教授编写；第 1 章的 1.2.3 节、第 2 章的 2.4、2.5、2.6、2.7、2.11 节和第 4 章的 4.1、4.3 节由南京建筑工程学院黄炳生副教授编写；第 2 章的 2.1、2.2、2.3、2.8、2.9、2.10 节和第 4 章的 4.2 节由苏州城建环保学院方恬副教授编写。全书由完海鹰、黄炳生主编并统稿，由东南大学博士生导师单健教授主审。

书中的不足之处，恳请读者及把本书作为教材的师生提出宝贵意见，以便再版时修改。

目　　录

第1章 概　　　论

1.1　空间结构的发展概况

1.1.1　空间结构的概念

为了满足社会生活和居住环境的需要，人们需要更大的覆盖空间，如大型的集会场所、体育馆、飞机库等，跨度要求很大，达几百米或更大。而我们所熟知的平面结构刚架、桁架、拱、梁等，由于其结构形式的限制，很难跨越大的空间，为解决这一难题就需要空间结构。什么是空间结构呢？凡是建筑结构的形体成三维空间状并具有三维受力特性、呈立体工作状态的结构称为空间结构。空间结构不仅仅依赖材料的性能，更重要的是依赖自身合理的形体，充分利用不同材料的特性，以适应不同建筑造型和功能的需要，跨越更大空间。较直观的例子是，平面拱就是依据自己的拱形结构，去吻合弯矩图，使得结构主要承受压力，充分发挥了混凝土或石材的受压性能，从而能跨越较大跨度。在自然界中，受力特性良好的空间结构比比皆是，如蛋壳、肥皂泡、蜂窝、蜘蛛网等。详细观察自然界的进化演变过程，以仿生原理来理解和发展空间结构形体有着特别重要的意义。计算机技术的广泛应用解脱了长期以来空间结构的形体研究在计算方法上的束缚，使寻求形体与受力的完美组合成为可能，由此十几年来，空间结构以异乎寻常的速度发展了起来。

1.1.2　空间结构的历史与发展

大跨度总是强烈地吸引着建筑师及工程师们，空间结构提供了一种既方便又经济的覆盖大面积的方法，由于其结构形式的优点及造型美观，常常为建筑师和工程师所采用。最早的空间结构要追述到公元前705～681年，它是一组亚述柱浅浮雕，表现了半球形和带尖顶覆盖的建筑群。

空间结构的发展同建筑材料的发展密切相关。最早，人们用石头来建造穹顶，后来逐渐被更轻的砖石结构代替。中世纪人们使用木材来建造穹顶，那个时期的木穹顶有些还保存至今。在19世纪，人们认识了铁的轻质、高强的优点，这为建筑师们的发挥开创了新纪元。其中施韦德勒、亨内贝格、莫尔等对空间结构的发展及其结构特性理论研究做出了很大贡献。

罗马人用混凝土来建造穹顶，无筋混凝土穹顶必须做得非常厚实，如英国威斯敏斯特（Westminster）大天主教堂穹顶跨度达18.3m，拱脚处厚度达910mm。

在混凝土中加入钢筋提高了混凝土的受拉能力，从而开辟了结构工程的新领域。1912年，由马克斯·贝格（MaxBerg）设计的波兰洛兹拉夫（Wroclaw）市纪念大厅，是一个带肋穹顶，直径达65m。1922年，由瓦尔特·鲍尔斯费尔德（Walter Bauersfeld）建造的第一座钢筋混凝土薄壳穹顶，净跨25m，厚60.3mm，标志着建筑史上的惊人进步。法国巴黎的国家工业与技术展览中心采用此种结构，跨度已达206m。我国在20世纪60～70年代也建造了一批钢筋混凝土薄壳结构，如新疆某机械厂金工车间，直径60m。特别是五六十年代，钢筋混凝土薄壳发展迅速。然而钢筋混凝土薄壳费工费时，同时大量消耗模板，质量难以保证，因而最终造价并非真正经济，因此，人们采用钢筋混凝土薄壳的热情就大大减弱。这一时期，人们认识到使用钢材、钢索、增强纤维布的优点，空间结构得到迅猛发展，如网架及网壳结构、索结构、膜结构以及它们的组合结构等。因而，在 20 世纪的最后 25 年里大跨空间结构逐渐占据了举足轻重的特殊地位，而且空间结构的发展水平已成为标志一个国家的建筑技术发展水平的重要指标。

1.2　空间结构的特点与分类

平面结构的传力特点是有层次的，从次要构件向主要构件传力，如框架结构荷载从楼板依次传到次梁、主梁、框架柱，最后到达基础。结构或构件抗力，主要依赖截面尺寸和材料的强度。而空间结构的受力特点，是充分利用三维几何构成，形成合理的受力形态，充分发挥材料的性能优势。如网壳结构是三维空间结构，构件（杆件）都是作为整体结构的一部分，按照空间几何特性承受荷载，并没有平面结构体系中构件间的"主次"关系，大部分内力（薄膜内力）沿中曲面传递。又如悬索结构中，将外荷载转化为钢索的拉力，充分发挥了钢索拉力强的材性，从而大大减轻了结构自重。

空间结构发展迅速，各种新型的空间结构不断涌现，如网架结构、网壳结构、悬索结构、膜结构、张拉整体结构等，而它们的组合杂交结构更是花样翻新。空间结构可按刚性差异以及它们的组合来分成三类，即刚性空间结构、柔性空间结构和杂交结构。

1.2.1　刚性空间结构

1. 薄壁空间结构

薄壁空间结构主要指薄壳结构，还可以包括平面结构组合成的空间结构如折板结构、空间拱等。薄壳结构的壳体都很薄，壳体的厚度与中曲面曲率半径之比小于1:20,当外荷载作用时，由于其曲面特征，壳体的主要内力——薄膜力沿中曲面作用，而弯曲内力和扭转内力都较小。这样就可充分发挥钢筋混凝土的材料潜力，达到较好的经济效益。

最早的真正意义上的钢筋混凝土薄壳结构是由德国瓦尔特·鲍尔斯费尔德（Walter-Bauerfeld）博士于 1922 年建造的 Carl Zeiss 公司的天文馆，这是一个净跨为 25m，壳体厚 60.3mm 的四支柱圆柱面壳体屋顶。我国最早的薄壳为 1948 年在常州建造的圆柱面壳仓库。由于这种结构形式能跨越大的空间，且造价较低，在当时的建筑发展水平上得到了建筑师和工程师们的青睐。

2. 网架结构

网架结构是一种空间杆系结构，受力杆件通过节点有机地结合起来。节点一般设计成铰接，杆件主要承受轴力作用，杆件截面尺寸相对较小。这些空间交汇的杆件又互为支撑，将受力杆件与支撑系统有机地结合起来，因而用料经济。由于结构组合有规律，大量的杆和节点的形状、尺寸相同，便于工厂化生产，便于工地安装。网架结构一般是高次超静定结构，具有较高的安全储备，能较好地承受集中荷载、动力荷载和非对称荷载，抗震性能好。网架结构能够适应不同跨度、不同支承条件的公共建筑和工厂厂房的要求，也能适应不同建筑平面及其组合。1981 年 5 月我国颁布的《网架结构设计与施工规定》（JGJ 7—80)，是对我国当时网架结构工程与科研成果的总结，有力地推动了我国平板网架的发展。目前，我国可以说是网架生产的大国，其年生产规模、建筑面积成为世界之最。

网架结构工程实践和理论研究向纵深发展，已对网架结构的一些特殊问题进行了探讨，如悬挂吊车问题、超大直径焊接球问题、疲劳问题等。网架结构的应用范围不断扩大，已涉及到大型公共建筑、工业厂房、大型机库、特种结构、装饰网架、扩建增层等不同领域。

我国从 1964 年在上海师范学院球类房网架工程开始，已建筑了为数众多的不同建筑类型、不同平面形式的网架结构。特别是最近几年，超大面积、超大跨度的网架结构不断涌现，如江阴兴澄钢铁有限公司兴建的轧钢车间一期工程采用 3.5 万 m^2 网架，该车间全长 396m，柱跨 12m（局部抽柱处为 24m 及 36m），车间内设置了中、重级工作制桥式吊车12 台，如图 1-1 所示。首都机场（153m + 153m）机库，总面积为（90×306）m^2，采用平板网架结构，只有大门中间有一个柱子，中梁下没柱子的四机位 B747 大跨度机库，采用了多层四角锥网架，在网架大门边梁和中梁采用大跨度空间桁架栓焊钢桥，如图 1-2 所示。

3. 网壳结构

网架结构就整体而言是一个受弯的平板，反映了很多平面结构的特性，大跨度的网架设计对沿跨度方向的网架刚度要求很大，因为总弯矩基本上是随着跨度二次方增加的。因此，普通的大跨度平板网架需要增加许多材料用量。网壳结构则是主要承受薄膜内力的壳体，主要以其合理的形体来抵抗外荷载的作用。因此在一般情况下，同等条件特别是大跨度的情况下，网壳要比网架节约许多钢材。网壳结构得到迅速发展的另外一个重要因素是，其外形美观，富于表现，充满变化，改善、丰富了人类的居住环境。辽宁省电视台彩电中心演播厅采用单层筒形网壳，跨度 21m，长 72m，如图 1-3 所示。

江西宜春体育馆根据建筑要求，设计成为一个由四个曲面组合而成，具有太空动感的"飞碟"造型体异形网壳。网壳的最大直径 93m，网壳分为双层屋面壳、单层斜墙壳、外露装饰壳三部分，如图 1-4 所示。

4. 管桁架结构

管桁架结构是一种空间钢管结构，以钢管为基本杆系单元，通过焊接有机连接起来。管桁架结构是在网架、网壳结构的基础上发展起来的，与网架、网壳结构相比具有独特的优越性和实用性。管桁架结构省去下弦纵向杆件和球节点，并具有简明的结构传力方式，可满足各种不同的建筑形式的要求，尤其是构筑圆拱和任意曲线形状更有优势。

管桁架结构类似于平面钢桁架，属于单向受力结构，但桁架的上弦由于增大宽度后，使原平面桁架起控制作用的上弦杆的稳定性得到提高，其各向稳定性相同，节省材料用量；桁架自身刚度大，施工方便，可单榀制作，适用于复杂多变的建筑形式；钢管截面封闭，由于管薄、回转半径大，对受压受扭均有利。钢管的端部封闭后，内部不易锈蚀，表面也不易积灰尘和水，具有较好的的防腐性能。可见管桁架应用于大跨度空间结构中，不仅在建筑造型上容易实现，也具有合理的受力性能和较高的结构利用率。同时也可大大减少用钢量，降低工程造价。

管桁架结构中管节点是结构设计的关键。目前国内外对于管节点已有大量的研究，其中包括节点的构造、承载力和刚度（这些在《钢结构设计规范》GB 50017—2003 中已有明确规定），施工的可操作性，特别是加工水平、制作安装误差等因素。另外，实际工程中交错焊缝的影响，残余应力、疲劳破坏等问题也在进一步深入研究中。

管桁架结构作为新型的空间结构形式，近几年来得到了迅速的发展，目前这种结构主

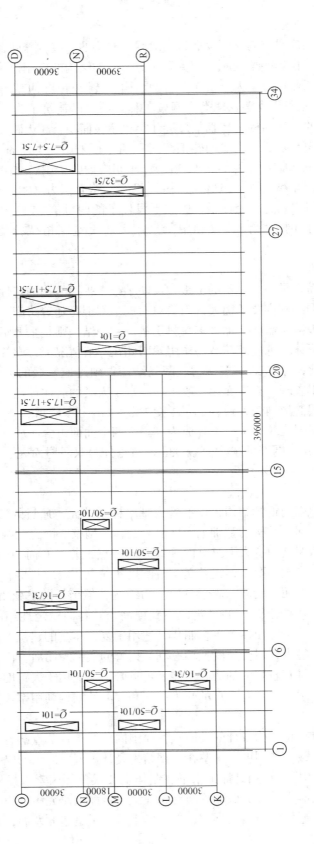

图 1-1 轧钢车间平面图

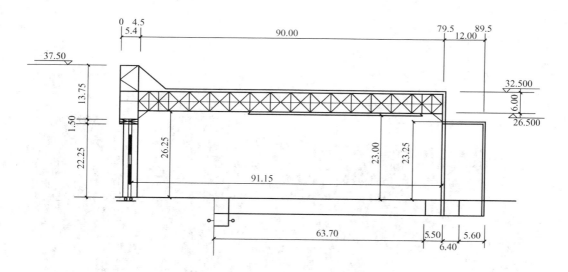

图 1-2　首都机场机库剖面图（单位：m）

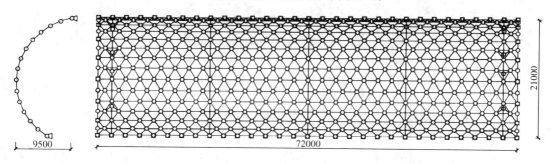

网壳网格及支座布置图

图 1-3　辽宁电视台彩电中心彩电演播厅

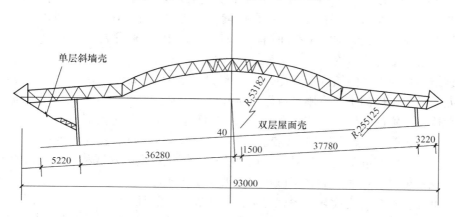

图 1-4　江西宜春体育馆网壳剖面图

要应用于一些大型的公共建筑中，在工业厂房柱及屋架、轻钢结构和住宅钢结构中应用潜力也很大。著名的日本关西国际机场候机大厅的屋架采用的就是倒三角形截面空间钢管相贯桁架结构，如图 1-5 所示。

图 1-5　日本关西国际机场候机大厅

1.2.2　柔性空间结构

1. 悬索结构

悬索结构通过索的轴向拉伸来抵抗外荷作用，而这些索的材料是由高强度钢丝组成的钢绞线、钢丝绳或钢丝束等，可以最充分地利用钢索的抗拉强度，大大减轻了结构自重。据统计，当跨度不超过 150m 时，每 $1m^2$ 屋盖的钢索用量一般小于 10kg。索结构便于表现建筑造型，适应不同的建筑平面。特别是钢索与其他材料或与其他结构型式组合形成了空间结构新的增长点，大大丰富了空间结构范畴，如近 10 年来发展起来的索膜结构、张拉整体结构、索桁结构等。

悬索结构是最古老的结构形式之一，在欧洲，至少从 16 世纪便开始了对悬索计算理论的研究。悬索结构的工程应用是从悬索桥开始的，众所周知的有美国金门大桥、日本明石海峡大桥、中国的江阴大桥等。然而，在 20 世纪悬索结构才在建筑工程中得到应用。到了 20 世纪 50 年代，悬索结构在建筑上的应用得到较大发展，主要原因有两方面，一是由于社会生活对大跨度的需求，另一方面是由于计算机技术的发展和新型建材的出现。目前，已建成不少具有代表性的悬索屋盖，主要用于飞机库、体育馆、展览馆、会堂等大跨建筑中，世界上第一个现代悬索屋盖是美国于 1953 年建成的 Raleigh 体育馆，采用以两个斜放的抛物线拱为边缘的鞍形正交索网。北京工人体育馆，1961 年建成，此馆圆形平面，下部屋盖结构由双层索、中心钢环和周边钢筋混凝土外环梁三个主要部分组成，悬索屋盖直径 96m，如图 1-6 所示。

悬索结构主要划分为单层悬索体系、双层悬索体系和索网体系。单层索稳定性差，其横向一般需要采取措施（如桁架、混凝土屋面等）加强刚度，以保证结构不发生机构性位

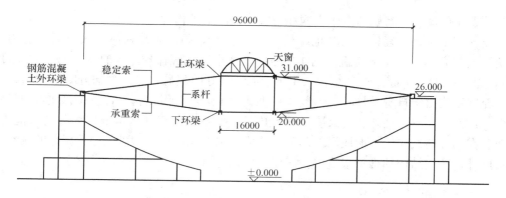

图 1-6　北京工人体育馆结构剖面图

移。国外跨度较大的单层悬索是前苏联的乌斯契—伊利姆斯克汽车库（圆形、直径 D = 206m），采用的是伞形悬索屋盖。双层悬索由承重索和稳定索组成，承重索承担上部荷载，稳定索可以保证在非对称荷载和变异荷载作用下整体结构的安全和稳定。北京工人体育馆采用了这种悬索形式（图 1-6 所示）。索网结构特别是预应力鞍形索网结构采用相互正交、曲率相反的两组钢索直接叠交，形成鞍形索网，其外形优美，易满足建筑造型要求，许多悬索结构采用了这种形式，加拿大卡尔加里滑冰馆，屋盖平面形状为椭圆形，长轴 135.3m，短轴 129.4m，建筑物底面形状为直径 120m 的圆形，鞍形双曲抛物面索网悬挂于环梁之间。

　　2. 充气结构

　　充气结构是利用薄膜内外空气压力差来稳定薄膜以承受外荷载。它是薄膜结构的一种形式，目前工程中薄膜材料常采用高强、柔软的织物复合材料，这种材料具有较高的抗拉强度，如 PVC 薄膜和聚四氯乙烯涂层玻璃纤维布（泰氟纶）等。PVC 薄膜价格便宜，但强度较低，不阻燃，耐火性差；而泰氟纶强度高，自洁性好，耐火性好，从实验和已有工程实例证明，其使用期超过 20 年。

　　充气式薄膜结构一般又可分为两类，即低压体系和高压体系。前者的薄膜承受 100 ~ 1000N/m² 的压力，一般根据外荷载的变化适时调整内外气压差，如正常使用情况下为 200 ~ 300N/m²，强风时为 500 ~ 600N/m²，积雪时可达 800N/m²。可以采用单层薄膜（图 1-7a，b），也可采用双层薄膜（内部充气）（图 1-7c，d），这两种方式既可采用正压方式（图 1-7b，d），也可采用负压方式（图 1-7a，c）。

　　高压体系，也称气肋式薄膜充气结构，它是由自封闭的膜材充以高压气体，与大气压有 20 ~ 70kN/m² 的压差，形成可以传递横向力的管状薄膜构件。这种结构可以快速装拆，适用于重量轻、

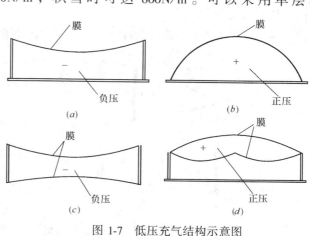

图 1-7　低压充气结构示意图

运输体积小的场合，特别适宜于索网和薄膜结构的支承构件。

充气膜结构自重轻，仅为其他结构重量的 1/10，因而容易跨越很大空间，适用于体育馆、展览会等大型公共建筑。图 1-8 是日本东京后乐园棒球场，直径达 204m，屋顶高 61m，总体积 140 万 m³。充气结构采用了透光性很好的膜材，白天大部分时间无须人工采光。充气结构由于自身重量轻、包装体积小、便于运输，因此它一直在应急建筑中显示优越性。然而，它隔热性差、冬天冷、夏天热，需要空调；充气结构抵抗局部荷载能力差，屋面会在局部荷载作用下形成局部凹陷，造成雨水淤积和积雪，可能导致屋盖的撕裂或翻转；此外，充气结构的维护很重要，需要不停地送风。

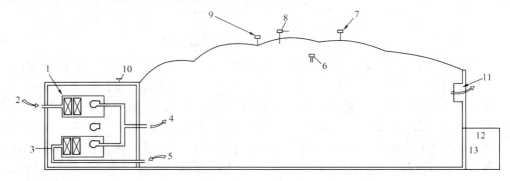

图 1-8　气承式充气结构原理图

1—加压专用空调器；2—室外空气；3—冷暖房专用空调器（兼化雪用）；4—进气口；5—回气口；
6—室内温度计；7—室外温度计；8—差压计；9—积雪计；10—风速计；11—排气口；12、13—门

3. 张拉整体结构

现代张拉整体结构的研究工作始于 20 世纪 40 年代末期，美国建筑师 R·B·Fuller 根据自然界拉压共存的原理，首次提出了"张拉整体体系"（*TensegritySystems*）的概念。张拉整体结构是一组不连续的受压构件（钢压杆）与一组连续的受拉构件（预应力钢索）相互联系，不依赖于任何外力的作用，受拉索与受压构件自应力平衡，实现自支承的网状杆系结构。如图 1-9 所示。竖向压杆 1、2、3 是孤立的，横向位置的拉索施加预应力。这是一个高效率的结构，"少量孤立的压杆存在于拉索的海洋中"，与压杆过多或压杆过长的低效率结构形成了强烈反差。

张拉整体结构是空间结构领域的一种新型的结构体系，它的发展历史不太长，但速度

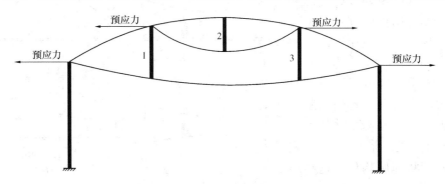

图 1-9　张拉整体结构示意图

很快。张拉整体结构具有构造合理、自重小、跨越空间的能力强的特点，它在实际工程中展示了强大的生命力和广阔的应用前景。图1-10是美国亚特兰大奥运会主体育馆采用的张拉整体结构，平面为240m×193m的椭圆形。

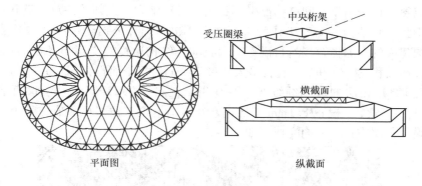

图1-10 张拉整体结构

4. 薄膜结构

薄膜结构是张拉结构的一种，它以具有优良性能的织物为膜材，利用钢索或刚性支承结构向膜内预施加张力，从而形成具有一定刚度、能够覆盖大空间的结构体系。这种可以称之为张力膜结构是国外在近20年内逐步发展并已广泛应用的新型结构形式。一些举世瞩目的结构，如德国的慕尼黑奥林匹克体育馆、美国的丹佛国际机场候机大厅等都采用这种新型的张力膜结构。图1-11是丹佛国际机场候机大厅，它打破了传统模式，首先在机场候机大厅上采用了膜结构。大厅长247m，宽67m，以17个帐篷的单元组成。单元间距18.3m，由两排相距45.7m的立柱支承。屋盖设置了脊索与谷索，分别承受向下的荷载（如结构自重与雪荷载）与向上的荷载（如风吸力）。作为膜的织物就在脊索、谷索与边

图1-11 丹佛国际机场候机大厅

9

索间张紧成双曲面。膜结构设计需要先进的分析、设计和裁剪技术，同时需要新型建筑材料，甚至纺织物材料的交叉发展，还需要依赖于先进的计算机辅助技术。目前，张力膜结构的设计、施工技术和膜材的制造工艺只有少数几个发达国家（如美国、日本、德国等）发展比较成熟。这种新型空间结构已引起我国的建筑师和工程师的注意，近几年来，许多学者致力于张力膜结构的研究工作和工程实践，也与国外公司合作在我国建成了不少工程，如我国建成的上海体育场看台雨篷，伞状薄膜结构由桅杆支撑于劲性的钢网架之上，屋盖水平投影面积达 37000m^2，看台最大悬挑 73.5m，每个面积为 500m^2 左右的伞状膜结构采用涂覆 PTFE 面层的玻璃纤维布，厚 0.8mm，自重 1.23kg/m^2，伞状膜结构由 4 根 ϕ25.4mm 上层钢索、4 根 ϕ38.1mm 下层钢索及当中钢管支柱张拉形成，整个索支撑桅杆结构和薄膜覆盖层在三个月内完成，如图 1-12。

图 1-12　上海体育场

1.2.3　杂交空间结构

杂交空间结构是将不同类型的结构进行组合而得到的一种新的结构体系。这种组合不是两个或多个单一类型空间结构的简单拼凑，而是充分利用一种类型结构的长处来抵消另一种与之组合的结构的短处，使得每一种单一类型的空间结构形式及其材料均能发挥最大的潜力，从而改善整个空间结构体系的受力性能，可以更经济、更合理地跨越更大的空间。

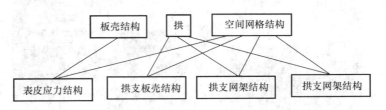

图 1-13　刚性结构之间组合

杂交空间结构可以是刚性结构体系之间的组合，如拱与网格结构组合形成的拱支网架结构、拱支网壳结构等（图 1-13）；柔性结构体系之间的组合，如悬索与薄膜组合而成的索膜结构等（图 1-14）；以及柔性结构体系与刚性结构体系之间的组合，如索与网格结构组合形成的斜拉网格结构、拉索预应力网格结构及索与桁架结构组合而成的横向加劲单曲悬索结构等（图 1-15）。

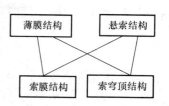

图 1-14　柔性结构之间组合

1. 拉索预应力空间网格结构

拉索预应力空间网格结构是由钢索和空间网格结构组成，空间网格结构包括网架、网壳、组合网架及组合网壳等结构，通过张拉钢索对空间网格结构施加预应力，钢索和空间网格结构形成自平衡体系，而不需要其他构件承受钢索的拉力。对空间网格结构施加预应力可改善空间网格结构受力状态，降低结构内力峰值，增大结构刚度，提高结构承载力，充分发挥材料的强度，从而降低了结构耗钢量，节省了造价。对网壳及组合网壳结构，还可减少支座的水平推力，甚至不产生水平推力，改善了网壳及组合网壳支承结构的受力状态。我国自 20 世纪 90 年代初起已建成了十多项拉索预应力空间网格结构工程。1992 年建成的上海国际购物

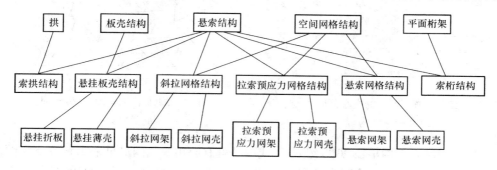

图 1-15　柔性结构与刚性结构之间组合

中心八楼楼层采用在下弦设置 4 束 48ϕ5 高强钢丝束预应力正放四角锥组合网架结构（图 1-16），周边支承，一次张拉，平面尺寸为 27m×27m，截去边长为 12m 的等腰直角三角形，是国内第一座拉索预应力空间网格结构工程，通过配置拉索施加预应力，下弦杆最大内力减少 28.3%，跨中最大挠度降低 34.6%，用钢指标为 48kg/m^2，省钢 32%。图 1-17 为攀枝花市体育馆屋盖结构，采用八柱支承拉索预应力短程线型双层球面网壳，平面呈八角花瓣形，对角柱间长度 64.9m，外挑长度 2.4～7.4m 不等，相邻柱间共设八道下撑式 7×7ϕ4 预应力钢绞线，二次张拉，用钢量（Q345）35kg/m^2，省钢 38%。该网壳 1994 年建成。

2. 斜拉空间网格结构

斜拉空间网格结构通常由塔柱、拉索、空间网格结构组合而成。塔柱一般独立于空间网格结构形成独立塔柱，空间网格结构为网架或网壳等，斜拉索的上端悬挂在塔柱顶部，下端则锚固在空间网格结构主体上，当拉索内力较大时，也可锚固在与空间网格结构主体相连的立体桁架或箱形大梁等中间过渡构件上。因此，斜拉索为空间网格结构提供了一系列中间弹性支承，使空间网格结构的内力和变形得以调整，明显减少结构挠度，降低杆件内力，同时通过张拉拉索，对空间网格结构施加预应力，可部分抵消外荷载作用下的结构内力和挠度，使空间网格结构不需要靠增大结构高度和构件截面即能跨越很大的跨度，从

而达到节省材料的目的。同时斜置的拉索与高耸的塔柱形成外形轻巧、造型富于变化的建筑形体。

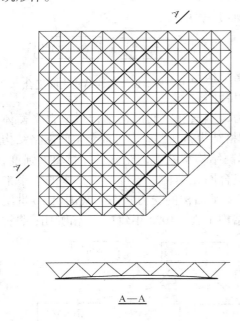

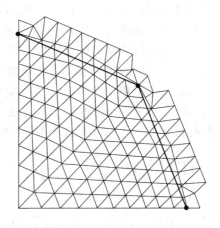

图 1-16　上海国际购物中心预应力
组合网架结构

图 1-17　攀枝花市体育馆 1/4 预应力
网壳结构平面

斜拉空间网格结构早在 20 世纪 60 年代国外就有应用。我国最早采用斜拉空间网格结构的工程是为十一届亚运会建造的国家奥林匹克体育中心综合体育馆屋盖（图 1-18），该结构采用两块组合型斜放四角锥双层柱面网壳，周边支承，平面尺寸 70m×83.2m，整个网壳截面呈人字形，屋脊处设置了高 9.9m、宽 9m 的桁架，用 16 根斜拉钢丝束使网壳悬吊在 2 个高 60m、伸出屋面 37m 的纵向预应力钢筋混凝土塔筒上，钢索二次张拉，该工程1990 年完成。由我国设计、建造的新加坡港务局（PSA）仓库，由 4 幢 A 型 120m×96m、2 幢 B 型 96m×70m 共 6 幢组成，每幢分上、下二层，一层为钢筋混凝土框架，柱网尺寸12m×10m，二层为钢结构周边柱、中间塔柱，屋盖为斜拉正放四角锥螺栓球节点网架，周边支承及中间点支承，钢塔柱高 28m，伸出屋面 11m，每个塔柱设置单层 4 根 4ϕ48 不锈钢斜拉索，用钢量 35.23kg/m²，节省钢材 30%，于 1993 年建成。图 1-19 为 A 型仓库的屋盖结构。

3. 拱支空间网格结构

拱支空间网格结构是由拱和空间网格结构组合而成的一种新型杂交空间结构，它综合了拱和空间网格结构的优点。拱主要受压，有钢筋混凝土拱、钢管混凝土拱、钢实腹拱、钢格构拱和钢桁架拱等，空间网格结构为网架、网壳等。根据拱与空间网格结构的相互关系及是否有吊杆，拱支空间网格结构分为二大类：一类，拱在空间网格结构外，通过吊杆为空间网格结构提供一系列弹性支承，使空间网格结构内力峰值降低，受力均匀，整体刚度显著增大，同时通过张拉吊杆，可对空间网格结构施加预应力，部分抵消外荷载作用下空间网格结构的内力和挠度，吊杆有时锚固在与空间网格结构主体相连的立体桁架或箱形

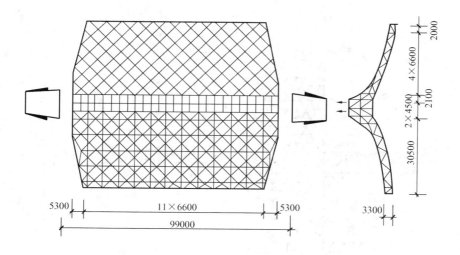

图 1-18　国家奥林匹克体育中心综合体育馆斜拉空间网壳结构

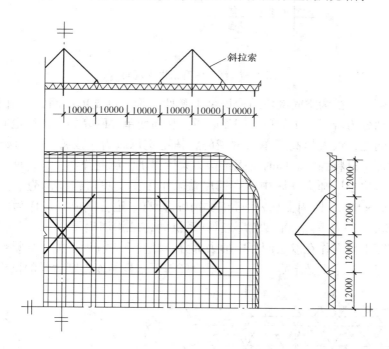

图 1-19　新加坡港务局 A 型仓库斜拉网架

大梁等中间过渡构件上。这类结构由于拱圈外露，建筑造型美观新颖。1990 年 5 月建成的江西体育馆屋盖采用了钢筋混凝土大拱悬吊三角锥焊接空心球网架（图 1-20），网格边长 3.7m，高 3m，周边支承，平面为近似长八边形，东西长 84.3m，南北宽 64.4m，从拱上悬挂吊杆与立体钢桁架相连作为网架的中间支点，拱为箱形截面，施工时采用了钢管混凝土作为大拱模板的支架，混凝土浇筑完后则成为拱的劲性配筋，屋盖总耗钢量 54.9kg/m²，其中网架占 18.9kg/m²。

　　另一类拱支空间网格结构不需要吊杆，空间网格结构直接支承在大拱上，这时空间网

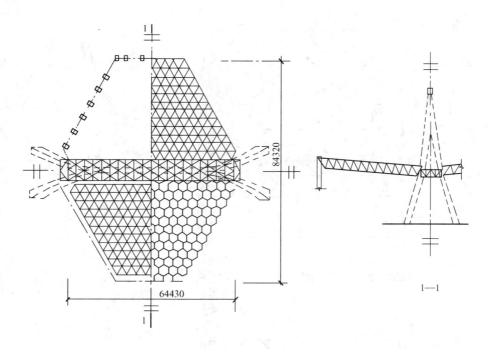

图 1-20　江西体育馆拱支网架

格结构一般为网壳，拱为空间网格结构提供了弹性支承。拱支单层网壳，由于拱的作用，整个网壳就被划分为若干个小的单层网壳区段，从而使单层网壳的整体稳定问题转化为局部区段的稳定问题，大大提高了单层网壳的整体稳定承载力，改善了对初始缺陷的敏感性，有效地发挥了材料强度。同时网壳结构为大拱提供了侧向弹性支承，增强了拱的整体稳定性。上海石化总厂师大三附中体育馆屋盖采用了拱支单层柱面网壳，网壳矢高 8m，平面尺寸为 30m×50m，四周支承，网壳一端 10m 处有一道分隔墙，可作为网壳支承，在纵向另一端 40m 范围内每隔 10m 设置一道杆系拱肋，结构用钢量 24kg/m² （图 1-21）。拱支单层网壳实际上可看作在双层网壳中抽去部分腹杆和下弦杆形成的，如果部分腹杆和下弦杆抽去后能保证每个上弦节点至少有一根腹杆与下弦杆相连，则这样的拱支网壳结构的

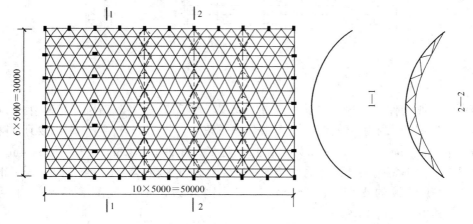

图 1-21　上海石化总厂附中体育馆拱支单层柱面网壳

任意部位不具有单层网壳的受力特性，也就不会发生整体稳定问题。烟台市塔山游乐竞技中心斗兽馆屋盖采用了这种结构的焊接半鼓半球节点球面网壳，平面直径40m，矢高8m，壳厚2m，周边上弦支承，1993年建成（图1-22）。

　　4．索-桁结构

　　一般的单曲悬索屋盖，在不对称荷载下易发生机构性位移，为克服这一缺点，在单曲悬索上设置桁架或梁等横向加劲构件形成索-桁结构，也称横向加劲单曲悬索结构。桁架（梁）置于悬索之上，并与悬索垂直相交连成整体，同索共同抵抗外荷载，通过对桁架（梁）端部支座下压使之产生强迫位移，在结构中建立预应力，大大增加了屋盖结构的刚度，尤其在集中荷载和不均匀荷载作用下，桁架（梁）能有效地分担和传递外荷载，使之更均匀地分配到各根平行的索上，从而改善了整个屋盖的受力和变形，

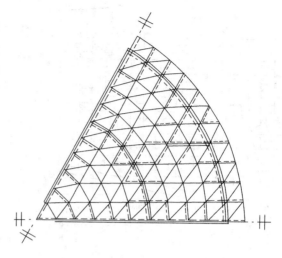

图 1-22　烟台市塔山斗兽馆屋盖结构平面

同时悬索为桁架（梁）提供了弹性支承。索-桁结构发挥了悬索结构受力合理、用料省的特点，方便地解决了悬索结构的稳定问题，避免了索网结构中副索对边缘结构产生的强大作用力，特别适用于纵向两端支承结构水平刚度较大、而横向两端支承结构水平刚度较差的轻型屋面建筑。是一种受力合理、构造简单、施工方便、造价低廉的结构形式。

　　1992年竣工的广东潮州体育馆屋盖采用了索-桁结构（图1-23），其平面呈正方形，边

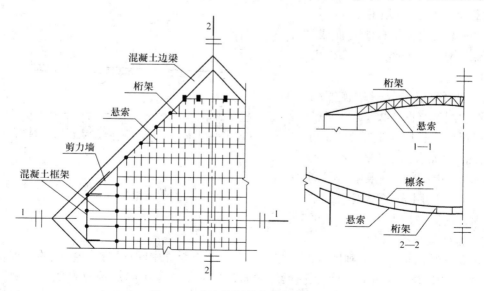

图 1-23　广东潮州体育馆索-桁结构

15

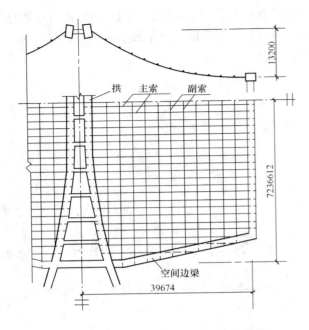

长 61.4m，平行于对角线方向布置 24 根 5×7φ5 钢绞线，间距 2m，平行于另一对角线方向布置抛物线拱形平行弦桁架，高 2.2m，矢高 0.56 ~ 2.63m，间距 3.95m 和 4.96m，整个屋盖结构（包括檩条、支撑）用钢 30kg/m²。

5. 拱支悬索结构

拱支悬索结构是在悬索结构中央设置支承拱而形成的，与单纯悬索相比，具有较大的刚度，尤其在抵抗局部荷载或不对称荷载时变形较小。对悬索结构，无需设中间支承就能以最小的结构自重覆盖大空间，该结构更多地为满足建筑造型和使用功能，其技术经济效果往往未必最佳。

四川省体育馆屋盖采用了拱支索

图 1-24　四川省体育馆拱支索网结构

网结构（图 1-24），平面近似矩形，尺寸 79.35m×72.37m，设置相互倾斜 7°的一对断面为箱形的钢筋混凝土二次抛物线支承拱，跨度 105.37m，矢高 41.51m，主索垂直于拱方向布置，间距 1.57m，高端固定在大拱上、低端固定在水平边界上，副索平行于拱方向布置，间距 3.15m，两端固定在等高而倾斜的空间直线边梁上，结构用钢量33.14kg/m²，工程于 1987 年建成。

6. 悬索空间网格结构

悬索空间网格结构是从悬索桥发展而来的，由塔柱、悬索、吊杆和网架或网壳结构组合而成，使网架或网壳能更经济地跨越更大空间。

太旧武宿主线收费站顶棚结构为悬索网架（图 1-25），网架平面近似矩形，长边为半径 215m 的一段弧，平面尺寸73.23m×（6 ~ 10.44m），主索采用单根抛物线钢丝索，吊杆选用人字形钢索，主索锚固在两侧塔楼上，工程于 1995 年竣工。

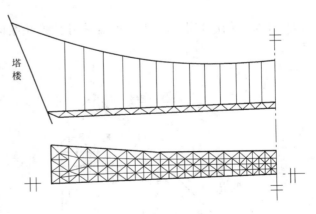

图 1-25　武宿主线收费站悬索网架

7. 张弦梁结构

张弦梁结构是一种由刚性构件上弦、柔性拉索下弦、中间连以撑杆构成的一种新型自平衡杂交结构体系（图 1-26）。张弦梁结构通过在下弦拉索中施加预应力使上弦刚性构件产生反挠度，从而使结构在荷载作用下的最终挠度得以减少，而撑杆对上弦的刚性构件提供了弹性支撑，改善了结构的受力性能，充分发挥了每种结构材料的作用，其刚度和稳定性较好。

图 1-26 张弦梁结构组成

张弦梁结构的上弦构件一般采用梁拱或桁架拱。按受力特点可以分为平面张弦梁结构和空间张弦梁结构。平面张弦梁结构是指其结构构件位于同一平面内，且以平面内受力为主的张弦梁结构。空间张弦梁结构是以平面张弦梁结构为基本组成单元，通过不同形式的空间布置所形成的张弦梁结构。空间张弦梁结构主要有单向张弦梁结构、双向张弦梁结构、多向张弦梁结构和辐射式张弦梁结构。

张弦梁结构最早是由日本大学 M.Saitoh 教授在 20 世纪 80 年代提出，并在日本的大跨建筑结构中得到应用。我国于 20 世纪 90 年代后期开始在工程中应用，1997 年建成的上海浦东国际机场航站楼是我国首次将张弦梁结构应用于大跨空间结构中，其进厅、办票大厅、商场和登机廊 4 个单体建筑均采用平面张弦梁结构屋盖。其中办票大厅的张弦梁结构跨度最大，达 82.6m（图 1-27），张弦梁的上弦由中间主弦 400mm×600mm 焊接方管和两侧副弦 300mm×300mm 方管组成，主副弦之间用短管相连，腹杆为 φ350 钢管，上弦与腹杆均采用 Q345 国产低合金钢，下弦为 241φ5 国产高强冷拔镀锌钢丝束，外包高密度聚乙烯，各榀张弦梁纵向间距为 9m。

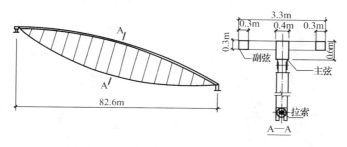

图 1-27 上海浦东国际机场张弦梁结构

2002 年建成的广州国际会展中心的屋盖体系中采用了平面张弦梁结构，跨度为 126.5m（图 1-28），张弦桁架纵向间距 15m，张弦梁的上弦为采用倒三角形断面的钢管立体桁架，撑杆截面为 φ325 钢管，下弦为 337φ7 高强度低松弛冷拔镀锌钢丝。

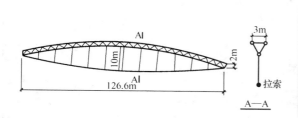

图 1-28 广州国际会展中心张弦立体桁架结构

复 习 思 考 题

1. 空间结构的特点是什么？如何进行分类？

2. 请运用结构力学知识计算并分析相同跨度的简支梁和简支平面抛物线拱在均布荷载作用下的内力，谈谈空间结构为什么能跨越更大空间。

3. 简述杂交结构的优越性。

4. 简述拉索预应力空间网格结构、斜拉空间网格结构、拱支空间网格结构、索-桁空间结构、张弦梁结构的组成及特点。

第 2 章 网 架 结 构

2.1 网架的形式与选型

2.1.1 网架结构的基本单元及几何不变性

1. 网架结构的基本单元

网架结构是由许多规则的几何体组合而成，这些几何体就是网架结构的基本单元。常用的基本单元有三角锥、四角锥、三棱体、正方棱柱体（图2-1）。此外，还有六角锥、八面体、十面体等构成的单元。

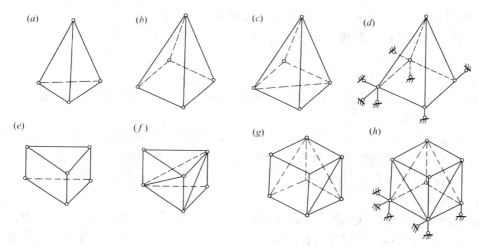

图 2-1 网架结构的基本单元

（b）、（e）、（g）几何可变体系；（a）、（c）、（d）、（f）、（h）几何不变体系

网架结构在任何外力作用下必须是几何不变体系。因此，应该对网架结构进行机动分析。

2. 网架几何不变的必要条件

网架是一个铰接的空间杆系结构，其任一节点有三个自由度。对于具有 J 个节点，m 个杆件的网架，支承于具有 r 根约束链杆的支座上时，其几何不变的必要条件是：

$$m + r - 3J \geqslant 0 \text{ 或 } m \geqslant 3J - r \tag{2-1}$$

如将网架作为刚体考虑，则最少的支座约束链杆数为6，故上式应有 $r \geqslant 6$。

由此可知，当 $m = 3J - r$ 时，为静定结构的必要条件；当 $m > 3J - r$ 时，为超静定结构的必要条件；当 $m < 3J - r$ 时，为几何可变体系。

3. 网架几何不变的充分条件

分析网架结构几何不变的充分条件时，应先对组成网架的基本单元进行分析，进而对网架的整体作出评价。

众所周知，三角形是几何不变的。若网架基本单元的外表面是由三角形所组成，则此基本单元也将是几何不变的，如图 2-1（a）、（c）、（f）。由这些几何不变的稳定单元构成的网架结构也一定是几何不变的。有些基本单元外表面有四边形（图 2-1b、e、g）或六边形，它们为几何可变的单元。可通过加设杆件（图 2-1c、f）或适当加设支承链杆（图 2-1d、h）使其变为几何不变体系。可见，网架结构的组成有两种类型：如果网架自身为几何不变体系，称为"自约结构体系"；如果需要加设支承链杆才能成为几何不变的，则称为"它约结构体系"。

以一个几何不变的单元为基础，通过三根不共面的杆件交出一个新节点所构成的网架也为几何不变的。要注意的是，在网架结构的计算简图中，任何节点不得仅含两根杆件，也不得为共面杆系节点。

另一种分析网架结构几何不变性的方法是，列出考虑了边界约束条件的结构总刚度矩阵 $[K]$，如其行列式 $|K| \neq 0$，则 $[K]$ 为非奇异矩阵，网架的位移和杆力为唯一解，网架为几何不变体系。如 $|K| = 0$，则网架为几何可变体系。

2.1.2　网架结构的形式

1. 按结构组成分类

（1）双层网架

由上弦杆、下弦杆两个表层及表层之间的腹杆组成。一般网架多采用双层网架。

（2）三层网架

由上弦杆、下弦杆、中弦杆三个弦杆层，及三层弦杆之间的腹杆组成。研究表明，当跨度大于 50m 时，可酌情考虑采用三层网架，当跨度大于 80m 时，可优先考虑采用三层网架，达到降低用钢量的目的。

（3）组合网架

用钢筋混凝土板取代网架结构的上弦杆，从而形成了由钢筋混凝土板、钢腹杆和钢下弦杆组成的组合结构，这就是组合网架。组合网架的刚度大，适宜于建造活荷载较大的大跨度楼层结构。

2. 按支承情况分类

（1）周边支承网架

当网架结构的所有边界节点都搁置在柱或梁上，即为周边支承网架（图 2-2a）。此时网架受力均匀，传力直接，因而是目前采用较多的一种形式。

（2）点支承网架

点支承网架有四点支承网架（图 2-2b），多点支承网架（图 2-2c）。

点支承网架，宜在周边设置适当悬挑（图 2-2b），以减小网架跨中杆件的内力和挠度。

（3）周边支承与点支承相结合的网架

有边点混合支承情况（图 2-3a）；三边支承一边开口情况（图 2-3b）；及两边支承两边开口等情况。

3. 按网格形式分类

（1）交叉平面桁架体系

这类网架由一些相互交叉的平面桁架所组成，一般应使斜腹杆受拉，竖杆受压。斜腹杆与弦杆间的夹角宜在 40°～60° 之间。

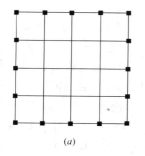
(a)

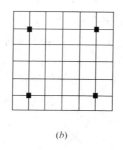
(b)

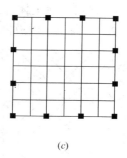
(c)

图 2-2　网架的支承种类

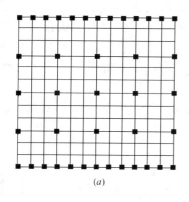
(a)

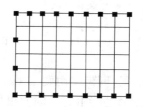
(b)

图 2-3　周边支承与点支承相结合的网架

1）两向正交正放网架　由两组平面桁架互成 90°交叉组成，弦杆与边界平行或垂直。这类网架，上、下弦的网格尺寸相同，同一方向的各平面桁架长度一致，制作、安装较为简便（图 2-4，2-5）。由于上、下弦为方形网格，属几何可变体系，应适当设置上弦或下弦水平支撑，以保证结构的几何不变性，有效地传递水平荷载。

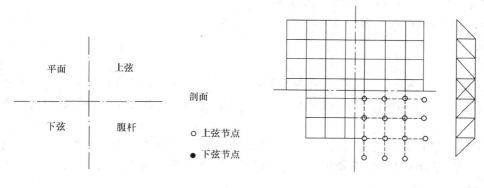

图 2-4　图例　　　　　　　　图 2-5　两向正交正放网架

对于周边支承，正方形平面的网架，两个方向的杆件内力差别不大，受力较均匀。但当边长比变大时，单向传力作用渐趋明显，两个方向杆件内力差也变大。对于四点支承的网架，内力分布很不均匀，宜在周边设置悬挑部分，可取得较好的经济效果。两向正交正放网架适用于建筑平面为正方形或接近正方形且跨度较小的情况，如上海市黄浦区体育馆

（45m×45m）、保定体育馆（55.43m×68.42m）等。

2）两向正交斜放网架 由两组平面桁架相交而成，弦杆与边界成45°角（图2-6）。边

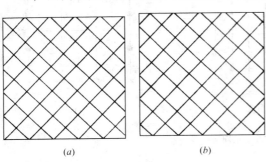

(a)   *(b)*

图2-6 两向正交斜放网架

界可靠时，为几何不变体系。各榀桁架长度不同，靠角部的短桁架刚度较大，对与其垂直的长桁架有弹性支承作用，可使长桁架中部的正弯矩减小，因而比正交正放网架经济。不过，由于长桁架两端有负弯矩，四角部支座将产生较大拉力，宜采用图2-6（*b*）所示的布置方式，角部拉力由两个支座负担。

这类网架适用于建筑平面为正方形或长方形情况。周边支承情况时，比正交正放网架空间刚度大，用钢省；跨度大时优越性更显著。首都体育馆（99m×112.2m）、山东体育馆（62.7m×74.1m）等采用了这种网架体系。

3）两向斜交斜放网架 由两组平面桁架斜向相交而成，弦杆与边界成一斜角。这类网架构造复杂，受力性能不好，因而很少采用。

4）三向网架 由三组互成60°交角的平面桁架相交而成（图2-7）。这类网架受力均匀，空间刚度大。但汇交于一个节点的杆件数量多，最多可达13根，节点构造比较复杂，宜采用圆钢管杆件及球节点。

三向网架适用于大跨度（$L>60$m）且建筑平面为三角形、六边形、多边形和圆形的情况。

上海体育馆（$D=110$m 圆形）、江苏体育馆（76.8m×88.681m 八边形）等采用了这类网架体系。

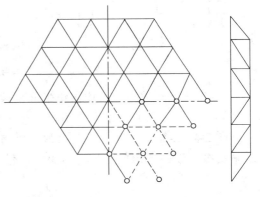

图2-7 三向网架

（2）四角锥体系

这类网架上、下弦均呈正方形（或接近正方形的矩形）网格，相互错开半格，使下弦网格的角点对准上弦网格的形心，再在上、下弦节点间用腹杆连接起来，即形成四角锥体系网架。

1）正放四角锥网架 正放四角锥网架（图2-8）由倒四角锥体组成，锥底的四边为网架的上弦杆，锥棱为腹杆，各锥顶相连即为下弦杆。它的弦杆均与边界成正交，故称为正放四角锥网架。

这类网架杆件受力较均匀，空间刚度比其他类型的四角锥网架及两向网架好。同时，屋面板规格单一，便于起拱，屋面排水也较易处理。但杆件数量较多，用钢量略高些。适用于建筑平面接近正方形的周边支承情况，也适用于屋面荷载较大，大柱距点支承及设有悬挂吊车的工业厂房的情况。

上海静安区体育馆（40m×40m）、杭州歌剧院（31.5m×36m）等采用这类网架体系。

22

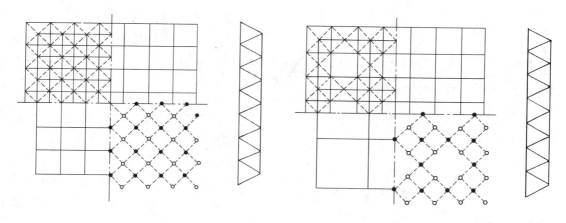

图 2-8　正放四角锥网架　　　　　　　　　图 2-9　正放抽空四角锥网架

2）正放抽空四角锥网架　这种网架，是在正放四角锥网架的基础上，除周边网格不动外，适当抽掉一些四角锥单元中的腹杆和下弦杆，使下弦网格尺寸扩大一倍（图2-9）。其杆件数目较少，降低了用钢量，抽空部分可作采光天窗。下弦杆内力较正放四角锥约大一倍，内力均匀性、刚度有所下降，但仍能满足工程要求。

正放抽空四角锥网架适用于屋面荷载较轻的中、小跨度网架。如：石家庄铁路枢纽南站货棚（132m×132m，柱网24m×24m，多点支承）、唐山齿轮厂联合厂房（84m×156.9m，柱网12m×12m，周边支承与多点支承相结合）等采用了这种网架体系。

3）斜放四角锥网架　这种网架的上弦杆与边界成45°角，下弦正放，腹杆与下弦在同一垂直平面内（图2-10）。斜放四角锥网架的上弦杆约为下弦杆长度的0.707倍。在周边支承的情况下，一般为上弦受压，

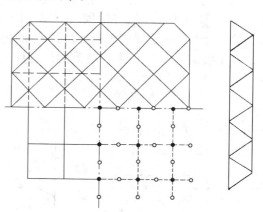

图 2-10　斜放四角锥网架

下弦受拉，受力合理。节点处汇交的杆件较少（上弦节点6根，下弦节点8根），用钢量较省。但因上弦网格正交斜放，故屋面板种类较多，屋面排水坡的形成也较困难。

斜放四角锥网架，当平面长宽比为1～2.25之间时，长跨跨中的下弦内力大于短跨跨中的下弦内力；当平面长宽比大于2.5时，则相反。当平面长宽比为1～1.5之间时，上弦杆的最大内力不在跨中，而是在网架1/4平面的中部。这些内力分布规律不同于普通简支平板的规律。

周边支承，且周边无刚性联系杆时，会出现四角锥体绕Z轴旋转的不稳定情况。因此，必须在网架周边布置刚性边梁。当为点支承时，可在周边布置封闭的边桁架，以保证网架的几何不变。

这类网架适用于中、小跨度周边支承，或周边支承与点支承相结合的方形和矩形平面情况。上海体育馆练习馆（35m×35m，周边支承）、北京某机库（48m×54m，三边支承一

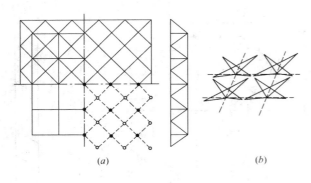

边开口)等采用这类网架。

4）星形四角锥网架　这种网架的单元体形似星体，星体单元由两个倒置的三角形小桁架相互交叉而成（图2-11b，图中为四个星体）。两个小桁架底边构成网架上弦，它们与边界成45°角。在两个小桁架交汇处设有竖杆，各单元顶点相连即为下弦杆。因此，它的上弦为正交斜放，下弦为正交正放，斜腹杆与上弦杆在同

图 2-11　星形四角锥网架

一竖向平面内。

星形网架上弦杆比下弦杆短，受力合理。但在角部上弦杆可能受拉，该处支座可能出现拉力。网架的受力情况接近交叉梁系，刚度稍差于正放四角锥网架，适用于中、小跨度周边支承的网架。如：杭州起重机械厂食堂（28m×36m）、中国计量学院风雨操场（27m×36m）等采用了这种网架。

5）棋盘形四角锥网架　这种网架是在斜放四角锥网架的基础上，将整个网架水平转动45°，并加设平行于边界的周边下弦（图2-12）。这种网架也具有短压杆、长拉杆的特点，受力合理。由于周边满锥，因此它的空间作用得到保证，受力较均匀。同时杆件较少，屋面板规格单一，用钢指标良好，适用于小跨度周边支承的网架，如大同云岗矿井食堂（24m×18m）等。

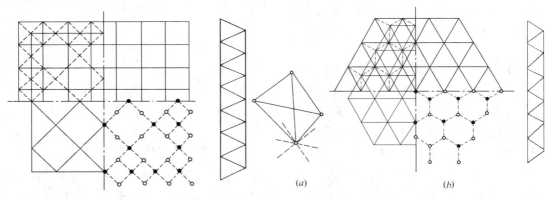

图 2-12　棋盘形四角锥网架　　　　　　图 2-13　三角锥网架

（3）三角锥体系

这类网架的基本单元是一倒置的三角锥体（图2-13a）。锥底的正三角形的三边为网架的上弦杆，其棱为网架的腹杆。随着三角锥单元体布置的不同，上、下弦网格可为正三角形或六边形，从而构成不同的三角锥网架。

1）三角锥网架　这种网架的上、下弦平面均为三角形网格，下弦三角形网格的顶点对着上弦三角形网格的形心（图2-13b）。

三角锥网架杆件受力均匀，整体抗扭、抗弯刚度好。但节点构造较复杂，上、下弦节点汇交杆件数均为9根，适用于建筑平面为三角形、六边形和圆形的情况，如上海徐汇区

工人俱乐部剧场（六边形，外接圆直径 24m）等。

　　2）抽空三角锥网架　这种网架是在三角锥网架的基础上，抽去部分三角锥单元的腹杆和下弦杆而形成的。当下弦由三角形和六边形网格组成时（图 2-14a）称为抽空三角锥网架 I 形；当下弦全为六边形网格时（图 2-14b）称为抽空三角锥网架 II 型。

　　这种网架减少了杆件数量，用钢量省，但空间刚度也较三角锥网架小。其上弦网格较密，便于铺设屋面板，下弦网格较疏，以节省钢材。

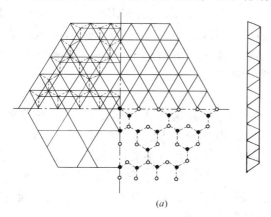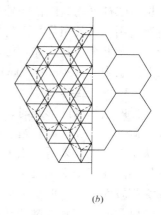

(a)　　　　　　　　　　　　　　　　　　(b)

图 2-14　抽空三角锥网架

（a）抽空三角锥网架 I 型；（b）抽空三角锥网架 II 型

　　抽空三角锥网架适用于荷载较小、跨度较小的三角形、六边形和圆形平面的建筑。天津塘沽车站候车室（$D = 47.18m$，周边支承）采用了这种网架。

　　3）蜂窝形三角锥网架　这种网架由一系列三角锥组成（图 2-15）。上弦平面为正三角形和正六边形网格，下弦平面为正六边形网格，腹杆与下弦杆在同一垂直平面内。

　　蜂窝形三角锥网架上弦杆短、下弦杆长，受力合理，每个节点只汇交 6 根杆件。它是常用网架中杆件数和节点数最少的一种。但上弦平面的六边形网格增加了屋面板布置与屋面找坡的困难。

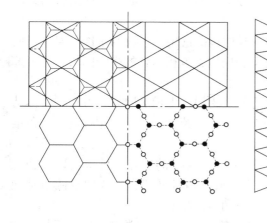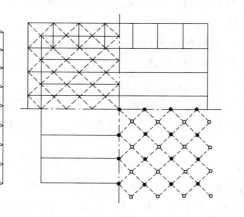

图 2-15　蜂窝形三角锥网架　　　　　　图 2-16　单向折线型网架

25

这种网架适用于中、小跨度周边支承的情况，可用于六边形、圆形或矩形平面。天津石化住宅区影剧院（44.4m×38.45m）、开滦林西矿会议室（14.4m×20.79m）等采用了这种网架。

（4）单向折线形网架

折线形网架是由正放四角锥网架演变而来的。当建筑平面长宽比大于2时，正放四角锥网架单向传力的特点就很明显，此时，网架长跨方向弦杆的内力很小，从强度角度考虑可将长向弦杆（周边网格除外）取消，就得到沿短向支承的折线型网架（图2-16）。折线形网架适用于狭长矩形平面的建筑。它的内力分析较简单，无论多长的网架沿长度方向仅需计算五至七个节间。如：山西大同矿务局机电修配厂下料车间（21m×78m）、石家庄体委水上游乐中心（30m×120m）等采用了这种网架。

2.1.3　网架结构的选型

选择网架结构的形式时，应考虑以下影响因素：建筑的平面形状和尺寸，网架的支承方式、荷载大小、屋面构造、建筑构造与要求，制作安装方法及材料供应情况等。

从用钢量多少来看，当平面接近正方形时，斜放四角锥网架最经济，其次是正放四角锥网架和两向正交交叉梁系网架（正放或斜放），最费的是三向交叉梁系网架。但当跨度及荷载都较大时，三向交叉梁系网架就显得经济合理些，而且刚度也较大。当平面为矩形时，则以两向正交斜放网架和斜放四角锥网架较为经济。

《网架结构设计与施工规程》JGJ7—91推荐了下列选型规定：

（1）平面形状为矩形的周边支承网架，当其边长比（长边比短边）小于或等于1.5时，宜选用斜放四角锥网架、棋盘形四角锥网架、正放抽空四角锥网架、两向正交斜放网架、两向正交正放网架、正放四角锥网架。对中小跨度，也可选用星形四角锥网架和蜂窝形三角锥网架。当建筑要求长宽两个方向支承距离不等时，可选用两向斜交斜放网架。

（2）平面形状为矩形的周边支承网架，当其边长比大于1.5时，宜选用两向正交正放网架、正放四角锥网架或正放抽空四角锥网架。当边长比小于2时，也可采用斜放四角锥网架。当平面狭长时，可采用单向折线形网架。

（3）平面形状为矩形，三边支承一边开口的网架可按上述（1）条进行选型，其开口边可采取增加网架层数或适当增加整个网架高度等办法，网架开口边必须形成竖直的或倾斜的边桁架。

（4）平面形状为矩形，多点支承网架，可根据具体情况选用：正放四角锥网架、正放抽空四角锥网架、两向正交正放网架。对多点支承和周边支承相结合的多跨网架，还可选用两向正交斜放网架或斜放四角锥网架。

（5）平面形状为圆形、正六边形及接近正六边形且为周边支承的网架，可根据具体情况选用：三向网架、三角锥网架或抽空三角锥网架。对中小跨度，也可选用蜂窝形三角锥网架。

（6）对跨度不大于40m多层建筑的楼层及跨度不大于60m的屋盖，可采用以钢筋混凝土板代替上弦的组合网架结构。组合网架宜选用正放四角锥网架、正放抽空四角锥网架、两向正交正放网架、斜放四角锥网架和蜂窝形三角锥网架。

从屋面构造来看，正放类网架的屋面板规格常只有一种，而斜放类网架屋面板规格却有两、三种。斜放四角锥网架上弦网格较小，屋面板规格也较小，而正放四角锥网架上弦网格相对较大，屋面板规格也大。

从网架制作和施工来说，交叉平面桁架体系较角锥体系简便，两向比三向简便。而对安装来说，特别是采用分条或分块吊装的方法施工时，选用正放类网架比斜放类网架有利。

总之，应该综合上列各方面的情况和要求，统一考虑，权衡利弊，合理地确定网架形式。

2.2 网架的高度与网格尺寸

网架结构的主要尺寸有网格尺寸（指上弦网格尺寸）和网架高度。确定这些尺寸时应考虑跨度大小、柱网尺寸、屋面材料以及构造要求和建筑功能等因素。

2.2.1 网格尺寸

网格尺寸的大小直接影响网架的经济性。确定网格尺寸时，与以下条件有关：

1. 屋面材料

当屋面采用无檩体系（钢筋混凝土屋面板、钢丝网水泥板）时，网格尺寸一般为 2 ~ 4m，若网格尺寸过大，屋面板重量大，不但增加了网架所受的荷载，还使屋面板的吊装发生困难。当采用钢檩条屋面体系时，檩条长度不宜超过 6m。网格尺寸应与上述屋面材料相适应。当网格尺寸大于 6m 时，斜腹杆应再分，此时应注意保证杆件的稳定性。

2. 网格尺寸与网架高度成合适的比例关系

通常应使斜腹杆与弦杆的夹角为 45° ~ 60°，这样节点构造不致发生困难。

3. 钢材规格

采用合理的钢管做网架杆件时，网格尺寸可以大些；采用角钢杆件或只有较小规格钢材时，网格尺寸应小些。

4. 通风管道的尺寸

网格尺寸应考虑通风管道等设备的设置。

对于周边支承的各类网架，可按表 2-1 确定网架沿短跨方向的网格数，进而确定网格尺寸。表中：L_2 为网架短向跨度，单位为 m。当跨度在 18m 以下时，网格数可适当减少。

网架的上弦网格数和跨高比　　　　　　　　　　表 2-1

网架形式	钢筋混凝土屋面体系		钢檩条屋面体系	
	网格数	跨高比	网格数	跨高比
两向正交正放网架、正放四角锥网架、正放抽空四角锥网架	$(2 ~ 4) + 0.2L_2$	10 ~ 14	$(6 ~ 8) + 0.07L_2$	$(13 ~ 17) - 0.03L_2$
两向正交斜放网架、棋盘形四角锥网架、斜放四角锥网架、星形四角锥网架	$(6 ~ 8) + 0.08L_2$			

2.2.2 网架高度

网架高度越大，弦杆所受力就越小，弦杆用钢量减少，但此时腹杆长度较长，腹杆用钢量就增加；反之网架高度越小，腹杆用钢量减少，弦杆用钢量增加。当网架高度适当时，总用钢量会最少。同时还应考虑刚度要求等。合理的网架高度可根据表2-1中的跨高比来确定。

确定网架高度时主要应考虑以下几个因素：

1. 建筑要求及刚度要求

当屋面荷载较大时，网架高度应选择得较高，反之可矮些。当网架中必须穿行通风管道时，网架高度必须满足此高度。但当跨度较大时，网架高度主要由相对挠度的要求来决定。一般说来，跨度较大时，网架跨高比可选用得大些。

2. 网架的平面形状

当平面形状为圆形、正方形或接近正方形的矩形时，网架高度可取得小些。当矩形平面网架越狭长时，单向作用就明显，其刚度就越小些，故此时网架高度应取得大些。

3. 网架的支承条件

周边支承时，网架高度可取得小些；点支承时，网架高度应取得大些。

4. 节点构造形式

网架的节点构造形式很多，国内常用的有焊接空心球节点和螺栓球节点。二者相比，前者的安装变形小于后者。故采用焊接空心球节点时，网架高度可取得小些；采用螺栓球节点时，网架高度可取得大些。

此外，当有起拱时，网架的高度可取得小些。

2.3 网架的整体构造

2.3.1 屋面材料及屋面构造

要使网架结构经济省钢的优点得以实现，选择适当的屋面材料是一个关键。在网架结构的设计中，应尽量采用轻质、高强，具有良好保温、隔热、防水性能的轻型屋面材料。

根据所选用屋面材料性能的不同，网架结构的屋面分为有檩体系屋面和无檩体系屋面。

1. 有檩体系屋面

当采用木板、加筋石棉水泥波形瓦、纤维水泥板等轻型屋面材料时，由于此类屋面材料的最大支点距离较小，故多采用有檩体系屋面构造。

通常的做法是在屋面支托上设钢檩条（如：槽钢、角钢、Z形钢、冷弯槽钢、桁架式檩条等），上面铺设木板作为屋面结构层，上面再做柔性防水层和铝合金板保护层（图 2-17）。当需要保温时，可在木板下面做隔热层。这种做法的屋面自重较轻，一般在 $1.0 \sim 1.3 \mathrm{kN/m}^2$ 范围内，但防火性能较差。

压型金属板是近年发展出来的新型屋面材料。它是用厚度为 $0.6 \sim 1.6 \mathrm{mm}$ 的镀锌钢板、冷轧钢板、彩色钢板或铝板等原料，经辊压冷弯成各种波型的压型板。

压型钢板的钢材一般采用 Q215 钢或 Q235 钢，压型铝板一般采用铝锰合金 LF21。压型钢板有单层的，也有双层中间夹隔热材料的夹芯板。这种屋面材料具有轻质高强、美观耐用、施工简便、抗震防火的特点，它的加工和安装已经达到标准化、工厂化、装配化。但价格较贵。压型钢板可直接铺设在钢檩条上（图2-18）。这种屋面的自重为 $1.0 \sim 1.8 kN/m^2$。

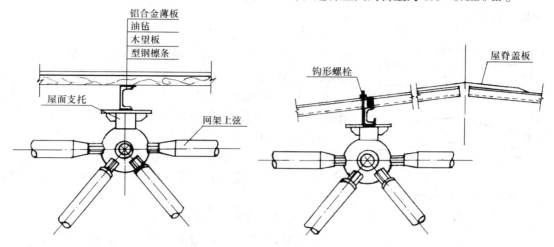

图 2-17　有檩体系的屋面构造 *a*　　　　图 2-18　有檩体系的屋面构造 *b*

2. 无檩体系屋面

当采用带肋钢丝网水泥板、预应力混凝土屋面板等作屋面材料时，由于它们所要求的最大支点距离均较大，故多采用无檩体系屋面。

通常屋面板的尺寸与网架上弦网格尺寸相同，屋面板直接搁在屋架上弦网格节点的支托上，应保证每块屋面板有三点与网架上弦节点的支托焊牢。再在屋面板上做找平层、保温层及二毡三油防水层（图2-19）。

无檩体系屋面的优点是施工、安装速度快，零配件少。但屋面重量大，一般自重大于 $1.5 kN/m^2$。屋盖自重大会导致网架用钢量的增大，还会引起柱、基础等下部结构造价增加，对屋盖结构的抗震性能也有较大影响。

2.3.2　网架的起拱和屋面排水

1. 网架的起拱

网架起拱有两个作用，一是为了消除网架在使用阶段的挠度影响，称为施工起拱。一般情况下，网架的刚度大，中小跨度网架不需要起拱。对于大跨度（$L_2 > 60m$）网架或建筑上有起拱要求的网架，起拱高度可取 $L_2/300$，L_2 为网架的短向跨度。

网架起拱的方法，按线型分有折线型起拱和弧线型起拱两种。按方向分有单向和双向起拱两种。狭长平面的网架可单向

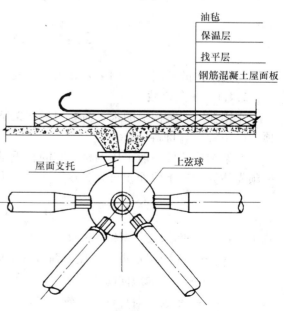

图 2-19　无檩体系的屋面构造

起拱，接近正方形平面的网架应双向起拱。

网架起拱后，会使杆件的种类、节点的种类大为增加，从而会引起网架设计、制造和安装时的麻烦。

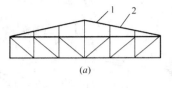

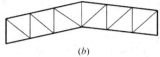

图 2-20　屋面排水坡度的做法
1—小立柱；2—屋面板

2. 屋面排水坡度

为了屋面排水，网架结构的屋面坡度一般取 1% ~ 4%，多雨地区宜选用大值。当屋面结构采用有檩体系时，还应考虑檩条挠度对泄水的影响。对于荷载、跨度较大的网架结构，还应考虑网架竖向挠度对排水的影响。

屋面坡度的做法有如下几种：

（1）上弦节点上加小立柱找坡（图 2-20a）
当小立柱较高时，应注意小立柱自身的稳定性，此法构造比较简单。

（2）网架变高度
当网架跨度较大时，会造成受压腹杆太长的缺点。

（3）支承柱变高

采用点支承方案的网架可用此法找坡。

（4）整个网架起拱（图 2-20b）

一般用于大跨度网架。网架起拱后，杆件、节点的规格明显增多，使网架的设计、制造、安装复杂化。当起拱度小于网架短向跨度的 1/150 时，由起拱引起的杆件内力变化一般不超过 5% ~ 10%，因此，仍可按不起拱的网架计算内力。

2.3.3　网架结构的容许挠度

网架结构的容许挠度不应超过下列数值：

用作屋盖—$L_2/250$，用作楼盖—$L_2/300$。L_2 为网架的短向跨度。

2.4　荷 载 和 作 用

网架结构的荷载和作用主要有永久荷载、可变荷载、温度作用和地震作用。

2.4.1　永久荷载

作用在网架结构上的永久荷载包括网架结构、楼面或屋面结构、保温层、防水层、吊顶、设备管道等材料自重。

网架结构杆件一般采用钢材，它的自重可通过计算机计算。钢材重度 $\gamma = 78.5 \text{kN/m}^3$，可预先估算网架单位面积自重。双层网架自重可按下式估算：

$$g_{ok} = \xi \sqrt{q_w} L_2 / 200 \tag{2-2}$$

式中　g_{ok}——网架自重（kN/m^2）；

q_w——除网架自重外的屋面荷载或楼面荷载的标准值（kN/m^2）；

L_2——网架的短向跨度（m）；

ξ——系数。对杆件采用钢管的网架取 $\xi = 1.0$；采用型钢的网架取 $\xi = 1.2$。

其他材料自重根据实际使用材料按现行《建筑结构荷载规范》（GB 50009—2001）

取用。

2.4.2 可变荷载

作用在网架结构上的可变荷载包括屋面或楼面活荷载、雪荷载、积灰荷载、风荷载以及悬挂吊车荷载，其中雪荷载与屋面活荷载不必同时考虑，取两者的较大值。

对于周边支承，且支座节点在上弦的网架的风载由四周墙面承受，计算时可不考虑风荷载；其他支承情况，应根据实际工程情况考虑水平风荷载作用。由于网架刚度较好，自振周期较小，计算风荷载时，可不考虑风振系数的影响。

工业厂房采用网架时，应根据厂房性质考虑积灰荷载。积灰荷载大小可由工艺提出，也可参考《建筑结构荷载规范》（GB 50009—2001）有关规定采用。

工业厂房中如设有吊车应考虑吊车荷载。吊车形式有两种，一种是悬挂吊车，另一种是桥式吊车。悬挂吊车直接挂在网架下弦节点上，对网架产生吊车竖向荷载。桥式吊车是在吊车梁上行走，通过柱子对网架产生吊车水平荷载。吊车竖向荷载标准值按《建筑结构荷载规范》（GB 50009—2001）有关规定采用。

2.4.3 温度作用

温度作用是指由于温度变化，使网架杆件产生附加温度应力，必须在计算和构造措施中加以考虑。详见本章 2.6 节。

2.4.4 地震作用

我国是地震多发地区，地震作用不能忽视。根据我国《网架结构设计与施工规程》（GBJ 7—91）规定，周边支承的网架，当建造在设计烈度为 8° 或 8° 以上地区时，应考虑竖向地震作用，当建造在设计烈度为 9° 地区时还应考虑水平地震作用。网架的地震作用详见本章 2.7 节。

2.4.5 荷载组合

作用在网架上的荷载类型很多，应根据使用过程和施工过程中可能出现的最不利荷载进行组合。

1. 承载能力极限状态

对于承载能力极限状态，应采用荷载效应的基本组合（非抗震设计）和偶然组合（抗震设计）进行设计。

对于非抗震设计，荷载效应组合应按现行《建筑结构荷载规范》（GB 50009—2001）进行计算，从下列组合中取最不利值确定：

（1）由可变荷载效应控制的组合

$$\gamma_0 \left(\gamma_G S_{Gk} + \gamma_{Q1} S_{Q1k} + \sum_{i=2}^{n} \gamma_{Qi} \psi_{ci} S_{Qik} \right) \leqslant R \qquad (2\text{-}3a)$$

（2）由永久荷载效应控制的组合

$$\gamma_0 \left(\gamma_G S_{Gk} + \sum_{i=1}^{n} \gamma_{Qi} \psi_{ci} S_{Qik} \right) \leqslant R \qquad (2\text{-}3b)$$

式中　　γ_0——结构重要性系数，分别取 1.1，1.0，0.9；

γ_G——永久荷载分项系数，应按下列规定采用：当永久荷载效应对结构构件的承载能力不利时，对由可变荷载效应控制的组合应取 1.2，对由永久荷载效应控制的组合应取 1.35；当永久荷载效应对结构构件的承载能力有利时，一般情况下取 1.0；

γ_{Q1}，γ_{Qi}——第 1 个和第 i 个可变荷载分项系数，一般情况下应取 1.4，对标准值大于 4.0kN/m^2 的工业房屋楼面结构的活荷载取 1.3；

S_{Gk}——按永久荷载标准值计算的荷载效应值；

S_{Q1k}——按在基本组合中起控制作用的第 1 个可变荷载标准值计算的荷载效应值；

S_{Qik}——按第 i 个可变荷载标准值计算的荷载效应值；

ψ_{ci}——第 i 个可变荷载的组合值系数，一般楼面和屋面活荷载、雪荷载取 0.7，屋面积灰荷载取 0.9，风荷载取 0.6，详细的取值见《建筑结构荷载规范》；

R——结构构件的抗力设计值。

对抗震设计，荷载效应组合应按我国现行《建筑抗震设计规范》（GB 50011—2001）进行计算，其表达式为：

$$\gamma_0(\gamma_G S_{GE} + \gamma_{Eh} S_{Ehk} + \gamma_{Ev} S_{Evk}) \leqslant R/\gamma_{RE} \qquad (2\text{-}3c)$$

式中　　γ_G——重力荷载分项系数，一般情况应采用 1.2；当重力荷载效应对结构构件的承载能力有利时，不应大于 1.0；

γ_{Eh}、γ_{Ev}——分别为水平、竖向地震作用分项系数，按表 2-2 采用；

S_{GE}、S_{Ehk}、S_{Evk}——分别为按重力荷载代表值 G_E、水平地震作用标准值 E_{hk}、竖向地震作用标准值 E_{vk} 得到的效应；

G_E——重力荷载代表值，取结构和构配件自重标准值与各可变荷载组合值之和，各可变荷载组合系数按表 2-3 取用。

地震作用分项系数　　　　　　　　　　　表 2-2

地震作用	仅考虑水平地震作用	仅考虑竖向地震作用	同时考虑水平与竖向地震作用
γ_{Eh}	1.3	不考虑	1.3
γ_{Ev}	不考虑	1.3	0.5

可变荷载组合系数值　　　　　　　　　　表 2-3

可变荷载种类	雪荷载	屋面积灰荷载	屋面活荷载	按实际情况考虑的楼面活荷载	按等效均布荷载考虑的楼面活荷载		吊车悬吊物重力	
					藏书库、档案库	其他民用建筑	硬钩吊车	软钩吊车
组合系数值	0.5	0.5	不考虑	1.0	0.8	0.5	0.3	不考虑

当无吊车荷载和风荷载、地震作用时，网架应考虑以下几种荷载组合：

1）永久荷载 + 可变荷载；

2）永久荷载 + 半跨可变荷载；

3）网架自重 + 半跨屋面板重 + 施工荷载。

后两种荷载组合主要考虑斜腹杆的变号。当采用轻屋面（如压型钢板）或屋面板对称铺设时，可不计算。

当网架有多台吊车作用，在吊车竖向荷载组合时，对一层吊车的单跨厂房的网架，参与组合的吊车台数不应多于两台，对一层吊车的多跨厂房的网架，不应多于4台；在吊车水平荷载组合时，参与组合的吊车台数不应多于两台。

2. 正常使用极限状态

对于正常使用极限状态，选用荷载效应的标准组合：

$$S = S_{Gk} + S_{Q1k} + \sum_{i=2}^{n} \psi_{ci} S_{Qik} \leqslant C \tag{2-4}$$

式中　　C——网架结构的容许挠度。

2.5　网架结构的静力计算——空间桁架位移法

网架结构是由很多杆件按一定规律组成的，属高次超静定结构，其计算模型大致可分为四种（图2-21）：

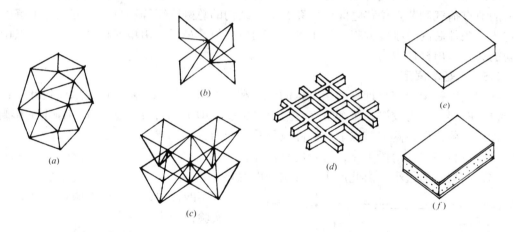

图 2-21　网架结构的计算模型

（a）铰接杆系计算模型；（b）平面桁架系计算模型；（c）空间桁架系计算模型；
（d）梁系计算模型；（e）普通平板计算模型；（f）夹层平板计算模型

（1）铰接杆系计算模型。把网架看成为铰接杆件的集合，以每根铰接杆件作为网架计算的基本单元。

（2）桁架系计算模型。把网架看成为桁架系的集合，以每个桁架作为网架计算的基本单元，桁架系有平面桁架系和空间桁架系之分。

（3）梁系计算模型。把网架简化为交叉梁，以梁段作为网架计算的基本单元，最后把梁的内力再折算为杆件内力。

（4）平板计算模型。把网架折算等代为平板，按板的理论进行分析，最后把板的内力再折算为杆件内力。平板有单层普通板和夹层板。

上述四种计算模型中，前两种计算模型比较符合网架本身离散的构造特点，有可能求得网架结构的精确解答。

有了计算模型,还需要合适的分析方法,去反映和描述网架的内力和变位状态,并求得这些内力和变位。网架结构的分析方法大致有:有限元法、差分法、力法、微分方程解析解法和微分方程近似解法。

计算模型与分析方法的结合就形成了网架结构现有各种具体计算方法,即空间桁架位移法、交叉梁系梁元法、交叉梁系力法、交叉梁系差分法、混合法、假想弯矩法、下弦内力法、拟板法、拟夹层板法等。

空间桁架位移法也称矩阵位移法,是一种空间杆系有限元分析法,适用于分析不同类型、任意平面和空间形状、具有不同边界条件和支承方式、承受任意荷载的网架,还可以考虑网架与下部支承结构的共同工作。不仅可用于网架结构的静力分析,还可用于网架结构的地震作用分析、温度应力计算和安装阶段的验算。是目前网架分析中运用最广、最精确的方法。本书只介绍这种方法。

空间桁架位移法以网架结构的杆件作为基本单元,以节点位移作为基本未知量。先对杆件单元进行分析,根据虎克定律建立单元杆件内力与节点位移之间的关系,形成单元刚度矩阵。然后再对结构进行整体分析,根据各节点的变形协调条件和静力平衡条件建立结构上的节点荷载和节点位移之间的关系,形成结构的总刚度矩阵和总刚度方程。求解引入给定边界条件后的总刚度方程,得出各节点的位移值。最后,由单元杆件内力与节点位移之间的关系求出杆件内力。

2.5.1 基本假定

在用空间桁架位移法计算网架结构的内力和变形时,作如下基本假定以简化计算:

(1)网架节点为铰接,每个节点有三个自由度,即 u,v,w。忽略节点刚度的影响;

(2)荷载作用在网架节点上,杆件只承受轴向力;

(3)材料在弹性阶段工作,符合虎克定律;

(4)网架变形很小,由此产生的影响予以忽略。

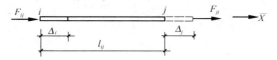

图 2-22 ij 杆的内力和位移

实践证明,根据以上假定的计算结果与实验值极为接近。

2.5.2 单元刚度矩阵

网架中取出任一杆件 ij(图 2-22),设在外力作用下,杆的两端分别有轴向力 F_{ij} 和 F_{ji},轴向位移 Δ_i 和 Δ_j,其正方向与节点 i 至节点 j 方向一致,由材料力学可知

$$\left. \begin{array}{l} F_{ij} = \dfrac{EA_{ij}}{l_{ij}}(\Delta_i - \Delta_j) \\[3mm] F_{ji} = \dfrac{EA_{ij}}{l_{ij}}(\Delta_j - \Delta_i) \end{array} \right\} \tag{2-5a}$$

式中　l_{ij}——杆件的长度;

　　　E——材料的弹性模量;

　　　A_{ij}——杆件的截面积。

写成矩阵形式为

$$\begin{bmatrix} F_{ij} \\ F_{ji} \end{bmatrix} = \frac{EA_{ij}}{l_{ij}} \begin{bmatrix} 1 & -1 \\ -1 & 1 \end{bmatrix} \begin{bmatrix} \Delta_i \\ \Delta_j \end{bmatrix} \tag{2-5b}$$

或简写为

$$\{\overline{F}\} = [\overline{K}]\{\overline{\delta}\} \tag{2-5c}$$

式中 $[\overline{K}]$——杆件 ij 在局部坐标系下的单元刚度矩阵，

$$[\overline{K}] = \frac{EA_{ij}}{l_{ij}} \begin{bmatrix} 1 & -1 \\ -1 & 1 \end{bmatrix} \tag{2-6}$$

在网架结构整体坐标系 xyz 下，设 ij 杆件节点 i 的坐标为 (x_i, y_i, z_i)，节点 j 的坐标为 (x_j, y_j, z_j)（图 2-23），则 ij 杆件的长度 l_{ij} 为

$$l_{ij} = \sqrt{(x_j - x_i)^2 + (y_j - y_i)^2 + (z_j - z_i)^2} \tag{2-7}$$

设杆件 ij 与整体坐标 x、y、z 轴的夹角分别为 α、β、γ，F_{ij} 在 x、y、z 轴上的分力为 F_{ix}^j、F_{iy}^j、F_{iz}^j，F_{ji} 在 x、y、z 轴上的分力为 F_{jx}^i、F_{jy}^i、F_{jz}^i（图 2-24），则

$$\left. \begin{aligned} F_{ix}^j = F_{ij}\cos\alpha = F_{ij}l \quad & F_{jx}^i = F_{ji}\cos\alpha = F_{ji}l \\ F_{iy}^j = F_{ij}\cos\beta = F_{ij}m \quad & F_{jy}^i = F_{ji}\cos\beta = F_{ji}m \\ F_{iz}^j = F_{ij}\cos\gamma = F_{ij}n \quad & F_{jz}^i = F_{ji}\cos\gamma = F_{ji}n \end{aligned} \right\} \tag{2-8a}$$

式中 $l = \cos\alpha = \dfrac{x_j - x_i}{l_{ij}}$, $m = \cos\beta = \dfrac{y_j - y_i}{l_{ij}}$, $n = \cos\gamma = \dfrac{z_j - z_i}{l_{ij}}$

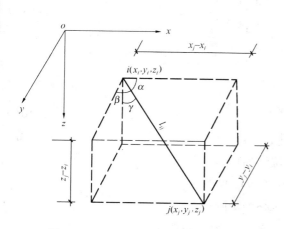

图 2-23 ij 杆在整体坐标系中的位置

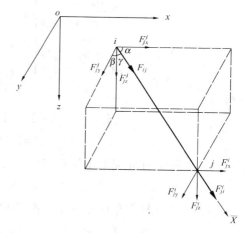

图 2-24 ij 杆杆端力在整体坐标系下的分力

35

写成矩阵形式为

$$\left\{\begin{array}{c} F_{ix}^{j} \\ F_{iy}^{j} \\ F_{iz}^{j} \\ F_{jx}^{i} \\ F_{jy}^{i} \\ F_{jz}^{i} \end{array}\right\} = \left[\begin{array}{cc} l & 0 \\ m & 0 \\ n & 0 \\ 0 & l \\ 0 & m \\ 0 & n \end{array}\right] \left\{\begin{array}{c} F_{ij} \\ F_{ji} \end{array}\right\} \qquad (2\text{-}8b)$$

或简写为

$$\{F\}_{ij} = [T]\{\overline{F}\} \qquad (2\text{-}8c)$$

若把式（2-8a）各式两端分别乘以 l，m，n 后相加，因 $l^2 + m^2 + n^2 = 1$，故

$$\{\overline{F}\} = [T]^{\mathrm{T}}\{F\}_{ij} \qquad (2\text{-}8d)$$

式中　$\{\overline{F}\}$——ij 杆在局部坐标系下的杆端力列矩阵：

$$\{\overline{F}\} = [\begin{array}{cc} F_{ij} & F_{ji} \end{array}]^{\mathrm{T}}$$

$\{F\}_{ij}$——ij 杆在整体坐标系下的杆端力列矩阵：

$$\{F\}_{ij} = [\begin{array}{cccccc} F_{ix}^{j} & F_{iy}^{j} & F_{iz}^{j} & F_{jx}^{i} & F_{jy}^{i} & F_{jz}^{i} \end{array}]^{\mathrm{T}}$$

$[T]$——坐标转换矩阵：

$$[T] = \left[\begin{array}{cccccc} l & m & n & 0 & 0 & 0 \\ 0 & 0 & 0 & l & m & n \end{array}\right]^{\mathrm{T}} \qquad (2\text{-}9)$$

同理，设杆端位移 Δ_i、Δ_j 在 x、y、z 轴上的位移分量分别为 u_i^{j}、v_i^{j}、w_i^{j} 和 u_j^{i}、v_j^{i}、w_j^{i}，则

$$\left\{\begin{array}{c} u_i^{j} \\ v_i^{j} \\ w_i^{j} \\ u_j^{i} \\ v_j^{i} \\ w_j^{i} \end{array}\right\} = \left[\begin{array}{cc} l & 0 \\ m & 0 \\ n & 0 \\ 0 & l \\ 0 & m \\ 0 & n \end{array}\right] \left\{\begin{array}{c} \Delta_i \\ \Delta_j \end{array}\right\} \qquad (2\text{-}10a)$$

或简写为

$$\{\delta\}_{ij} = [T]\{\overline{\delta}\} \qquad (2\text{-}10b)$$

$$\{\overline{\delta}\} = [T]^{\mathrm{T}}\{\delta\}_{ij} \qquad (2\text{-}10c)$$

式中　$\{\overline{\delta}\}$——ij 杆在局部坐标系下的杆端位移列矩阵：

$$\{\overline{\delta}\} = [\begin{array}{cc} \Delta_i & \Delta_j \end{array}]^{\mathrm{T}}$$

$\{\delta\}_{ij}$——ij 杆在整体坐标系下的杆端位移列矩阵：

$$\{\delta\}_{ij} = [\begin{array}{cccccc} u_i^{j} & v_i^{j} & w_i^{j} & u_j^{i} & v_j^{i} & w_j^{i} \end{array}]^{\mathrm{T}}$$

将式（2-10c）代入式（2-5c）得

36

$$\{\overline{F}\} = [\overline{K}][T]^{\mathrm{T}}\{\delta\}_{ij} \tag{2-11}$$

代入式（2-8c）得

$$\{F\}_{ij} = [T][\overline{K}][T]^{\mathrm{T}}\{\delta\}_{ij}$$
$$= [K]_{ij}\{\delta\}_{ij} \tag{2-12}$$

式中　$[K]_{ij}$——杆件ij在整体坐标系下的单元刚度矩阵：

$$[K]_{ij} = [T][\overline{K}][T]^{\mathrm{T}} = \begin{bmatrix} l & 0 \\ m & 0 \\ n & 0 \\ 0 & l \\ 0 & m \\ 0 & n \end{bmatrix} \frac{EA_{ij}}{l_{ij}} \begin{bmatrix} 1 & -1 \\ -1 & 1 \end{bmatrix} \begin{bmatrix} l & m & n & 0 & 0 & 0 \\ 0 & 0 & 0 & l & m & n \end{bmatrix}$$

$$[K]_{ij} = \frac{EA_{ij}}{l_{ij}} \begin{bmatrix} l^2 & & & & & \\ lm & m^2 & & & \text{对} & \\ ln & mn & n^2 & & & \text{称} \\ -l^2 & -lm & -ln & l^2 & & \\ -lm & -m^2 & -mn & lm & m^2 & \\ -ln & -mn & -n^2 & ln & mn & n^2 \end{bmatrix} \tag{2-13}$$

$[K]_{ij}$是一个6×6阶的矩阵，它可以分为4个3×3阶子矩阵，即

$$[K]_{ij} = \begin{bmatrix} [K_{ii}^j] & [K_{ij}] \\ [K_{ji}] & [K_{jj}^i] \end{bmatrix} \tag{2-14}$$

式中

$$[K_{ii}^j] = [K_{jj}^i] = -[K_{ij}] = -[K_{ji}] = \frac{EA_{ij}}{l_{ij}} \begin{bmatrix} l^2 & \text{对} & \\ lm & m^2 & \text{称} \\ ln & mn & n^2 \end{bmatrix} \tag{2-15}$$

因此，(2-12)式可改写为

$$\begin{Bmatrix} \{F_{ij}\} \\ \{F_{ji}\} \end{Bmatrix} = \begin{bmatrix} [K_{ii}^j] & [K_{ij}] \\ [K_{ji}] & [K_{jj}^i] \end{bmatrix} \begin{bmatrix} \{\delta_{ij}\} \\ \{\delta_{ji}\} \end{bmatrix} \tag{2-16}$$

式中　$\{F_{ij}\}$——杆件ij在i节点的杆端力列矩阵：

$$\{F_{ij}\} = \begin{bmatrix} F_{ix}^j & F_{iy}^j & F_{iz}^j \end{bmatrix}^{\mathrm{T}}$$

$\{F_{ji}\}$——杆件ij在j节点的杆端力列矩阵：

$$\{F_{ji}\} = \begin{bmatrix} F_{jx}^i & F_{jy}^i & F_{jz}^i \end{bmatrix}^{\mathrm{T}}$$

$\{\delta_{ij}\}$——杆件ij在i节点的位移列矩阵：

$$\{\delta_{ij}\} = \begin{bmatrix} u_i^j & v_i^j & w_i^j \end{bmatrix}^{\mathrm{T}}$$

$\{\delta_{ji}\}$——杆件ij在j节点的位移列矩阵：

$$\{\delta_{ji}\} = \begin{bmatrix} u_j^i & v_j^i & w_j^i \end{bmatrix}^{\mathrm{T}}$$

从式（2-16）可以看出，$[K_{ij}]$、$[K_{ji}]$的物理意义分别是杆件ij由于j端、i端发生单位

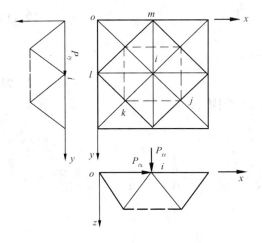

图 2-25 汇交 i 节点的杆件和内力

位移在 i 端、j 端产生的内力；$[K_{ii}^j]$、$[K_{jj}^i]$ 分别为杆件 ij 由于 i 端、j 端发生单位位移在 i 端、j 端产生的内力。

2.5.3　结构总刚度矩阵

建立了杆件的单元刚度矩阵后，即可遵循节点处位移相容条件和内力平衡条件建立结构的总刚度矩阵。

现以图 2-25 所示 i 节点为例说明其总刚度矩阵建立原理。设 i 节点有 ij，ik，$\cdots$，il，im 杆件汇交，作用于 i 节点上的外荷载为 P_{ix}，P_{iy}，P_{iz}，写成矩阵形式

$$\{P_i\} = \begin{bmatrix} P_{ix} & P_{iy} & P_{iz} \end{bmatrix}^{\mathrm{T}}$$

根据变形协调条件，连接在同一 i 节点上的所有杆件的 i 端位移都相等，即

$$\{\delta_{ij}\} = \{\delta_{ik}\} = \cdots = \{\delta_{il}\} = \{\delta_{im}\} = \{\delta_i\}$$

式中　$\{\delta_{ij}\},\{\delta_{ik}\},\cdots,\{\delta_{il}\},\{\delta_{im}\}$——杆件 ij，ik，$\cdots$，il，im 的 i 端位移列矩阵；

$\{\delta_i\}$——节点 i 的位移列矩阵：

$$\{\delta_i\} = \begin{bmatrix} u_i & v_i & w_i \end{bmatrix}^{\mathrm{T}}$$

根据内外力的平衡条件，汇交于节点 i 上的所有杆件 i 端的内力之和等于作用在节点 i 上的外荷载，即

$$\{F_{ij}\} + \{F_{ik}\} + \cdots + \{F_{il}\} + \{F_{im}\} = \{P_i\} \tag{2-17}$$

由式（2-16）可写出各杆件杆端的内力与位移关系，即

ij 杆　　　　　$\{F_{ij}\} = [K_{ii}^j]\{\delta_i\} + [K_{ij}]\{\delta_j\}$

ik 杆　　　　　$\{F_{ik}\} = [K_{ii}^k]\{\delta_i\} + [K_{ik}]\{\delta_k\}$

……　　　　　　　…………

il 杆　　　　　$\{F_{il}\} = [K_{ii}^l]\{\delta_i\} + [K_{il}]\{\delta_l\}$

im 杆　　　　　$\{F_{im}\} = [K_{ii}^m]\{\delta_i\} + [K_{im}]\{\delta_m\}$

将以上各式代入 i 节点的力的平衡式（2-17），整理得

$$\left([K_{ii}^j] + [K_{ii}^k] + \cdots + [K_{ii}^l] + [K_{ii}^m] \right)\{\delta_i\} + [K_{ij}]\{\delta_j\}$$

$$+ [K_{ik}]\{\delta_k\} + \cdots + [K_{il}]\{\delta_l\} + [K_{im}]\{\delta_m\} = \{P_i\}$$

或

$$\sum_{n=1}^{c} [K_{ii}^n]\{\delta_i\} + [K_{ij}]\{\delta_j\} + [K_{ik}]\{\delta_k\} + \cdots + [K_{il}]\{\delta_l\} + [K_{im}]\{\delta_m\} = \{P_i\}$$

$$\tag{2-18}$$

式中　　c——汇交于 i 节点的杆件数；

$\sum\limits_{n=1}^{c} [K_{ii}^n]$——表示汇交于 i 节点的各杆的单元刚度矩阵中，各分块矩阵之和，以下简记为 $[K_{ii}]$。

$$\left[K_{ii}\right] = \left[K_{ii}^{j}\right] + \left[K_{ii}^{k}\right] + \cdots + \left[K_{ii}^{l}\right] + \left[K_{ii}^{m}\right]$$

对网架结构的所有节点，均如（2-18）式逐点列出力平衡方程，联立起来就形成了结构总刚度方程。如网架有个 n 节点，便可建立 $3n$ 个方程，写成矩阵为

$$\begin{bmatrix} [K_{11}] & [K_{12}] & \cdots & [K_{1i}] & \cdots & [K_{1n}] \\ & [K_{22}] & \cdots & [K_{2i}] & \cdots & [K_{2n}] \\ & & \ddots & \vdots & & \vdots \\ \text{对} & & & [K_{ii}] & \cdots & [K_{in}] \\ \text{称} & & & & \ddots & \vdots \\ & & & & & [K_{nn}] \end{bmatrix} \begin{Bmatrix} \{\delta_1\} \\ \{\delta_2\} \\ \vdots \\ \{\delta_i\} \\ \vdots \\ \{\delta_n\} \end{Bmatrix} = \begin{Bmatrix} \{P_1\} \\ \{P_2\} \\ \vdots \\ \{P_i\} \\ \vdots \\ \{P_n\} \end{Bmatrix} \qquad (2\text{-}19a)$$

或 $$[K]\{\delta\} = \{P\} \qquad (2\text{-}19b)$$

式中　$\{K\}$——结构总刚度矩阵，由各杆件单元刚度矩阵按节点对号入座叠加而成，它是 $3n \times 3n$ 方阵；

$\{\delta\}$——节点位移列矩阵，即：

$$\{\delta\} = \begin{bmatrix} u_1 & v_1 & w_1 & \cdots & u_i & v_i & w_i & \cdots & u_n & v_n & w_n \end{bmatrix}^{\text{T}}$$

$\{P\}$——节点荷载列矩阵：

$$\{P\} = \begin{bmatrix} P_{1x} & P_{1y} & P_{1z} & \cdots & P_{ix} & P_{iy} & P_{iz} & \cdots & P_{nx} & P_{ny} & P_{nz} \end{bmatrix}^{\text{T}}$$

结构总刚矩阵具有以下特点：

1. 是对称矩阵

矩阵主对角线两侧的元素均对应相等，即 $\left[K_{ij}\right] = \left[K_{ji}\right]$，具有对称性，因此不必将矩阵的所有元素列出，一般只列出上三角或下三角元素，可大大减少计算工作量。

2. 是带状的稀疏矩阵

矩阵中除主对角线的元素及其汇交于同一节点的各杆有关的元素为非零元素外，其他均为零元素，且零元素的数目远大于非零元素的数目，这些非零元素集中在主对角线附近，形成带状区域。零元素与求解方程无关，因此，在建立矩阵各元素时，可将零元素取消掉，同时可将二维数组改为变带宽一维数组存放，这样可大大节约计算机容量。带宽大小与网架节点编号有关，当某节点号与它相连杆件另一端节点号的差值愈小，带宽也就愈小。因此，在网架节点编号时，应尽可能使各相关节点的编号差最小。

2.5.4 边界条件处理

结构总刚度矩阵 $[K]$ 是奇异的，尚需引入边界条件以消除刚体位移，使总刚度矩阵为正定矩阵。

1. 边界条件

网架的边界约束根据网架的支承情况、支承刚度和支座节点的实际构造决定，有自由、弹性、固定及强迫位移等。某方向自由表示在该方向位移无约束；某方向弹性边界表示在该方向位移受弹簧刚度约束；某方向固定表示在该方向位移为零；某方向为强迫位移边界表示在该方向位移为一固定值。

不同的支座节点构造形成不同的边界约束条件，双面弧形压力支座节点有时可使该节点在边界法向产生水平移动，形成法向自由的边界条件；板式橡胶支座节点在边界法向可形成弹性边界条件。详见本章 2.10。

网架的边界约束与支承刚度有很大关系。

搁置在柱顶或梁上的网架节点，一般认为梁和柱的竖向刚度很大，忽略梁的竖向变形和柱子的轴向变形，因此，这些支座节点竖向位移为零，竖向固定。在水平方向，对周边支承网架，沿边界切向（图2-26中a、b点x方向，c、d点y方向）柱子较多，支承结构的侧向刚度较大，可认为该方向位移为零；而沿边界法向（图2-26中a、b点y方向，c、d点x方向），支承结构的侧向变形较大，应考虑下部结构的共同工作；对点支承网架，支承的两个水平方向的侧向刚度都较差，都应考虑下部结构的共同工作。考虑的方法有两种，一是将网架及其支承结构作为一个整体来分析，这种方法使总刚度矩阵的阶数增高。一般把网架与支承结构分开处理，将下部结构作为网架结构的弹性约束，柱子水平位移方向的等效弹簧刚度系数K_z值为

$$K_z = \frac{3E_z I_z}{H_z^3} \tag{2-20}$$

式中　　E_z、I_z、H_z——分别为支承柱的材料弹性模量、截面惯性矩和柱子长度。

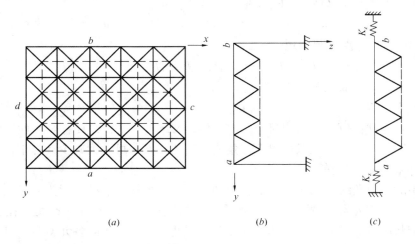

图 2-26　周边支承网架

2. 总刚度矩阵中边界条件的处理方法

（1）支座某方向固定的处理

支座某方向固定，即支座沿某方向位移为零，可采用如下4种方法处理：

1）式（2-19b）中的$\{P\}$包括支座反力R，R为未知数，而与之对应的位移为已知值零，故可利用此条件，在建立总刚度方程时，把已知外荷载的方程放在前，未知反力的方程放在后，则形成

$$\begin{bmatrix} \{P\} \\ \{R\} \end{bmatrix} = \begin{bmatrix} [K_{11}] & [K_{12}] \\ [K_{21}] & [K_{22}] \end{bmatrix} \begin{bmatrix} \{\delta\} \\ \{0\} \end{bmatrix}$$

即

$$\{P\} = [K_{11}]\{\delta\} \tag{2-21a}$$

$$\{R\} = [K_{21}]\{\delta\} \tag{2-21b}$$

方程（2-21a）即为经过边界条件处理过的结构总刚度方程，通过（2-21b）可求得

各支座反力。

2）在式（2-19a）中直接将位移为零的有关行、列划去。如 i 节点沿 z 方向位移等于零（即 $w_i = 0$），则将总刚度方程中第 c 行和第 c 列划去。这样处理实际上就把总刚度方程变为式（2-21a），

$$c = 3 \times (i-1) + 3 = 3i$$

3）对角线项充大数法。即在式（2-19a）中将位移为零相对应的主对角线元素充大数 $B = 10^8 \sim 10^{12}$。如 i 节点沿 z 方向位移等于零（即 $w_i = 0$），则将总刚度方程中元素 k_{cc} 改为 B，即将原总刚度方程（2-22a）改为（2-22b），

$$c \text{ 列}$$

$$c \text{ 行} \begin{bmatrix} k_{11} & k_{12} & \cdots & k_{1c} & \cdots & k_{1n} \\ k_{21} & k_{22} & \cdots & k_{2c} & \cdots & k_{2n} \\ \vdots & \vdots & \ddots & \vdots & \cdots & \vdots \\ k_{c1} & k_{c2} & \cdots & k_{cc} & \cdots & k_{cn} \\ \vdots & \vdots & \cdots & \vdots & \ddots & \vdots \end{bmatrix} \begin{Bmatrix} u_1 \\ v_1 \\ \vdots \\ w_i \\ \vdots \end{Bmatrix} = \begin{Bmatrix} P_{1x} \\ P_{1y} \\ \vdots \\ P_{iz} \\ \vdots \end{Bmatrix} \qquad (2\text{-}22a)$$

$$c \text{ 列}$$

$$c \text{ 行} \begin{bmatrix} k_{11} & k_{12} & \cdots & k_{1c} & \cdots & k_{1n} \\ k_{21} & k_{22} & \cdots & k_{2c} & \cdots & k_{2n} \\ \vdots & \vdots & \ddots & \vdots & \cdots & \vdots \\ k_{c1} & k_{c2} & \cdots & B & \cdots & k_{cn} \\ \vdots & \vdots & \cdots & \vdots & \ddots & \vdots \end{bmatrix} \begin{Bmatrix} u_1 \\ v_1 \\ \vdots \\ w_i \\ \vdots \end{Bmatrix} = \begin{Bmatrix} P_{1x} \\ P_{1y} \\ \vdots \\ P_{iz} \\ \vdots \end{Bmatrix} \qquad (2\text{-}22b)$$

这样，方程（2-22b）第 c 行的方程为

$$k_{c1} u_1 + k_{c2} v_1 + \cdots + B w_i + \cdots = P_{iz}$$

上式左端各项的系数除 B 外，其他数值都很小，由此得

$$w_i = \frac{P_{iz}}{B} = 0$$

4）在式（2-22a）中将相应于零位移分量的那些行的主对角线元素改为 1，其余元素连同右端项中的相应元素都改为零。如 i 节点沿 z 方向位移等于零（即 $w_i = 0$），则将总刚度方程中元素 k_{cc} 改为 1，即将原总刚度方程（2-22a）改为（2-22c），

$$c \text{ 列}$$

$$c \text{ 行} \begin{bmatrix} k_{11} & k_{12} & \cdots & k_{1c} & \cdots & k_{1n} \\ k_{21} & k_{22} & \cdots & k_{2c} & \cdots & k_{2n} \\ \vdots & \vdots & \ddots & \vdots & \cdots & \vdots \\ 0 & 0 & \cdots & 1 & \cdots & 0 \\ \vdots & \vdots & \cdots & \vdots & \ddots & \vdots \end{bmatrix} \begin{Bmatrix} u_1 \\ v_1 \\ \vdots \\ w_i \\ \vdots \end{Bmatrix} = \begin{Bmatrix} P_{1x} \\ P_{1y} \\ \vdots \\ 0 \\ \vdots \end{Bmatrix} \qquad (2\text{-}22c)$$

这样，方程（2-22c）第 c 行的方程为

$$w_i = 0$$

前两种方法可使总刚度矩阵阶数减少，第一种方法还可得到支座反力的方程，但会带

来总刚度矩阵元素地址的变动；而后两种方法的总刚度矩阵阶数和元素地址均不变，有利于编程。

（2）支座某方向弹性约束的处理

在总刚度矩阵中对应于该弹性约束方向的主对角元素叠加上等效弹簧刚度系数 K_z 即可。如第 i 节点沿 x 方向有弹性约束且等效弹簧刚度系数为 K_z，则该方向相应的行号为

$$c = 3 \times (i - 1) + 1 = 3i - 2$$

即将该行主对角元素 k_{cc} 加上 k_z，如式（2-23）所示：

$$c \text{ 列}$$

$$c \text{ 行} \begin{bmatrix} k_{11} & k_{12} & \cdots & k_{1c} & \cdots \\ k_{21} & k_{22} & \cdots & k_{2c} & \cdots \\ \vdots & \vdots & \ddots & \vdots & \cdots \\ k_{c1} & k_{c2} & \cdots & k_{cc}+k_z & \cdots \\ \vdots & \vdots & \cdots & \vdots & \ddots \end{bmatrix} \begin{Bmatrix} u_1 \\ v_1 \\ \vdots \\ u_i \\ \vdots \end{Bmatrix} = \begin{Bmatrix} P_{1x} \\ P_{1y} \\ \vdots \\ P_{iz} \\ \vdots \end{Bmatrix} \tag{2-23}$$

（3）某方向给定位移的处理

这时可有两种方法对总刚度方程作适当处理来解决。

1）消行修正法。如 i 节点发生竖向位移 Δ，即 $w_i = \Delta$，将 $w_i = \Delta$ 代入总刚度方程（2-22a），则每个方程的第 $c = 3 \times (i - 1) + 3 = 3i$ 项为已知值，可移至方程右端，而第 c 个方程写成 $w_i = \Delta$。即在总刚度方程中，相应于给定位移分量的那些行、列的非对角线元素改为零，对角线元素改为1，同时把总刚度方程的右端各分量减去对应的已知值，总刚度方程（2-22a）改写为式（2-24a），第 c 行的方程为

$$w_i = \Delta$$

$$c \text{ 列}$$

$$c \text{ 行} \begin{bmatrix} k_{11} & k_{12} & \cdots & 0 & \cdots & k_{1n} \\ k_{21} & k_{22} & \cdots & 0 & \cdots & k_{2n} \\ \vdots & \vdots & \ddots & \vdots & & \vdots \\ 0 & 0 & \cdots & 1 & 0 & 0 \\ \vdots & \vdots & \cdots & \vdots & \ddots & \vdots \end{bmatrix} \begin{Bmatrix} u_1 \\ v_1 \\ \vdots \\ w_i \\ \vdots \end{Bmatrix} = \begin{Bmatrix} P_{1x} - k_{1c}\Delta \\ P_{1y} - k_{2c}\Delta \\ \vdots \\ \Delta \\ \vdots \end{Bmatrix} \tag{2-24a}$$

2）对角线项充大数法。如 i 节点发生竖向位移 Δ，即 $w_i = \Delta$，则在总刚度矩阵中对应行号 $c = 3 \times (i - 1) + 3 = 3i$ 的主元 k_{cc} 充大数 B，并将 c 行右端项 P_{iz} 改为 $B\Delta$，如式（2-24b）所示：

$$c \text{ 列}$$

$$c \text{ 行} \begin{bmatrix} k_{11} & k_{12} & \cdots & k_{1c} & \cdots \\ k_{21} & k_{22} & \cdots & k_{2c} & \cdots \\ \vdots & \vdots & \ddots & \vdots & \cdots \\ k_{c1} & k_{c2} & \cdots & B & \cdots \\ \vdots & \vdots & \cdots & \vdots & \ddots \end{bmatrix} \begin{Bmatrix} u_1 \\ v_1 \\ \vdots \\ w_i \\ \vdots \end{Bmatrix} = \begin{Bmatrix} P_{1x} \\ P_{1y} \\ \vdots \\ B\Delta \\ \vdots \end{Bmatrix} \tag{2-24b}$$

则 c 行的方程为

$$k_{c1}u_1 + k_{c2}v_1 + \cdots + Bw_i + \cdots = B\Delta$$

因上式左端其他项与 Bw_i 相比都可忽略，即得

$$w_i = \frac{B\Delta}{B} = \Delta$$

这两种方法都不改变总刚度矩阵的阶数和元素地址，对角线项充大数法简单而有效。

（4）斜边界条件的处理

上述根据给定的边界条件来修正总刚度方程时，被约束的方向应该与结构的整体坐标系中的坐标轴一致。倘若该约束方向与整体坐标系中的任一坐标轴都不一致，那就不能直接采用上述方法，只有经过处理后才能用以上方法修正总刚度方程。沿着与整体坐标系斜交的方向给予的约束称为斜向约束，这样的边界条件称为斜边界条件。在网架结构中结构平面为圆形、三边形或其他任意多边形时，都会存在斜边界条件。利用结构对称性时，在对称面上也存在斜边界条件，如图 2-27 所示。

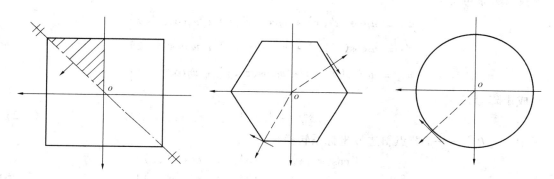

图 2-27　斜向约束的网架

斜边界条件的处理有两种方法，一种方法是在边界点沿着斜边界方向设置一个具有一定截面的杆件，如图 2-28 所示。如果该边界点沿着斜边界方向为固定，则该杆截面面积 A 可取一个大数，一般取 $A = 10^6 \sim 10^8$，从而使该杆的刚度趋于无穷大，其效应与固定是相同的；如果该边界点沿着斜向为弹性约束，则可调节该杆的截面面积，使得该杆的轴向刚度等于斜向弹性约束条件刚度，但这种处理有时会使总刚度矩阵形成病态。

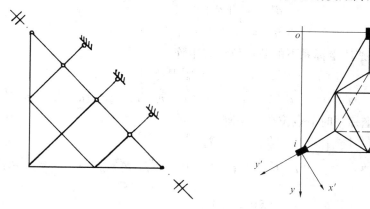

图 2-28　斜边界设连杆　　　　　图 2-29　斜向约束的三角锥网架

处理斜边界条件的一个简单易行且正确的方法是将斜边界点处的节点位移向量作一变

换，使在整体坐标下的该节点位移向量变换到任意的斜方向，然后按一般边界条件处理。

如图 2-29 所示一三角锥网架，共有 n 个节点，支座节点 i，j 有斜向约束，结构的整体坐标系为 xyz，设 i 节点斜边界坐标系为 $x'y'z'$，j 节点斜边界坐标系为 $x''y''z''$，节点 i，j 在结构整体坐标系下的位移为 $\{\delta_i\}$，$\{\delta_j\}$

$$\{\delta_i\} = [\begin{array}{ccc} u_i & v_i & w_i \end{array}]^T$$

$$\{\delta_j\} = [\begin{array}{ccc} u_j & v_j & w_j \end{array}]^T$$

在斜边界坐标系下的位移为 $\{\delta'_i\}$，$\{\delta''\}$

$$\{\delta'_i\} = [\begin{array}{ccc} u'_i & v'_i & w'_i \end{array}]^T$$

$$\{\delta''_j\} = [\begin{array}{ccc} u''_j & v''_j & w''_j \end{array}]^T$$

由投影关系可得

$$u'_i = u_i\cos(x',x) + v_i\cos(x',y) + w_i\cos(x',z)$$

$$v'_i = u_i\cos(y',x) + v_i\cos(y',y) + w_i\cos(y',z)$$

$$w'_i = u_i\cos(z',x) + v_i\cos(z',y) + w_i\cos(z',z)$$

写成矩阵形式

$$\{\delta'_i\} = [R_i]\{\delta_i\} \tag{2-25}$$

式中　　$[R_i]$——i 节点斜边界坐标系转换矩阵

$$[R_i] = \begin{bmatrix} \cos(x',x) & \cos(x',y) & \cos(x',z) \\ \cos(y',x) & \cos(y',y) & \cos(y',z) \\ \cos(z',x) & \cos(z',y) & \cos(z',z) \end{bmatrix} \tag{2-26}$$

$\cos(x',x),\cos(x',y)$ 和 $\cos(x',z)$ 分别为斜边界坐标 x' 轴与整体坐标系的 x、y、z 坐标轴之间夹角的余弦。其余类推。

因 R 是正交矩阵，故由（2-25）得

$$\{\delta_i\} = [R_i]^T\{\delta'_i\} \tag{2-27}$$

同理，可得

$$\{\delta''_j\} = [R_j]\{\delta_j\} \tag{2-28}$$

$$\{\delta_j\} = [R_j]^T\{\delta''_j\} \tag{2-29}$$

如 $\{\delta\}$ 代表结构整体坐标系下的节点位移列矩阵

$$\{\delta\} = [\begin{array}{ccccccc} \{\delta_1\} & \cdots & \{\delta_i\} & \cdots & \{\delta_j\} & \cdots & \{\delta_n\} \end{array}]^T$$

$$= [\begin{array}{ccccccccccccc} u_1 & v_1 & w_1 & \cdots & u_i & v_i & w_i & \cdots & u_j & v_j & w_j & \cdots & u_n & v_n & w_n \end{array}]^T$$

$\{\overline{\delta}\}$ 代表考虑斜边界坐标系时节点位移列矩阵

$$\{\overline{\delta}\} = [\begin{array}{ccccccc} \{\delta_1\} & \cdots & \{\delta'_i\} & \cdots & \{\delta''_j\} & \cdots & \{\delta_n\} \end{array}]^T$$

$$= [\begin{array}{ccccccccccccc} u_1 & v_1 & w_1 & \cdots & u'_i & v'_i & w'_i & \cdots & u''_j & v''_j & w''_j & \cdots & u_n & v_n & w_n \end{array}]^T$$

则

$$\{\overline{\delta}\} = [T]\{\delta\} \tag{2-30}$$

$$\{\delta\} = [T]^T\{\overline{\delta}\} \tag{2-31}$$

式中

$$[T] = \begin{bmatrix} 1 & & & & & & & & & & \\ & \ddots & & & & & & & 0 & & \\ & & 1 & & & & & & & & \\ & & & [R_i] & & & & & & & \\ & & & & 1 & & & & & & \\ & & & & & \ddots & & & & & \\ & & & & & & 1 & & & & \\ & & & & & & & [R_j] & & & \\ & & & & & & & & 1 & & \\ & 0 & & & & & & & & \ddots & \\ & & & & & & & & & & 1 \end{bmatrix}$$

同理可得考虑结构斜边界坐标系的荷载列阵 $\{\overline{P}\}$ 与结构整体坐标系下荷载列阵 $\{P\}$ 的关系

$$\{P\} = [T]^{\mathrm{T}}\{\overline{P}\} \tag{2-32}$$

将式 (2-31)、(2-32) 代入经过边界条件处理后的结构总刚度方程得

$$[K][T]^{\mathrm{T}}\{\overline{\delta}\} = [T]^{\mathrm{T}}\{\overline{P}\}$$

$$[T][K][T]^{\mathrm{T}}\{\overline{\delta}\} = \{\overline{P}\}$$

$$[\overline{K}]\{\overline{\delta}\} = \{\overline{P}\} \tag{2-33}$$

对式 (2-33) 进行斜边界条件处理后求解得 $\{\overline{\delta}\}$，再由式 (2-27)、(2-29) 求出结构整体坐标系下斜边界约束处节点的位移值。

2.5.5 对称性利用

当网架结构及其所受的荷载、边界约束均对称时，且结构的变形很小，结构系统满足静定的必要及充分条件，可以取整个网架的 $1/2n$（n 为对称面数）作为内力分析的计算单元，以减少计算工作量。此时，对称面上的变形情况必须与整体结构的变形一致，并保持其几何不变性。

根据对称性原理，对称结构在对称荷载作用下其对称面上的各个结点的反对称位移为零。所以当沿着对称面截取计算单元时，这些位于对称面内节点应当作为约束节点，按上述对称面内节点变形原则来处理。

网架的对称面有如下几种情况：

1. 对称面与结构整体坐标轴（x 轴或 y 轴）平行，且通过节点。

这时，计算单元中位于平行于 x 轴的对称面内的节点沿 y 方向的位移为零，应沿 y 方向加以约束，类似地位于平行于 y 轴的对称面内的节点沿 x 方向的位移为零，应沿 x 方向加以约束。同时位于对称面内的杆件截面面积应取原截面面积的 $1/2$；位于 n 个对称面内的杆件截面面积应取原截面面积的 $1/2n$。位于对称面内各节点的荷载应取原荷载值的 $1/2$；位于 n 个对称面内节点的荷载应取原荷载值的 $1/2n$。

如图 2-30 所示结构有两个对称面，故可取 $1/4$ 个结构作为计算单元，节点 2、4 处 $u_2 = u_4 = 0$，应沿 x 方向加以约束，节点 5、7、9 处 $v_5 = v_7 = v_9 = 0$，应沿 y 方向加以约束，节点 3 位于两个对称面的交点，故有 $u_3 = v_3 = 0$，应沿 x、y 两个方向加以约束，对称面

上的其他节点，如 2′、3′、5′、7′等也应作相应处理。同时杆件 33′的截面面积应取原截面面积的 1/4；其它 A—A、B—B 剖面图上的杆件，如 23、57、23′等，截面面积为原截面面积的 1/2。节点 3、3′的荷载应取原荷载 1/4，其他图中标有编号的节点，如 2、5′等，荷载为原节点荷载的 1/2。

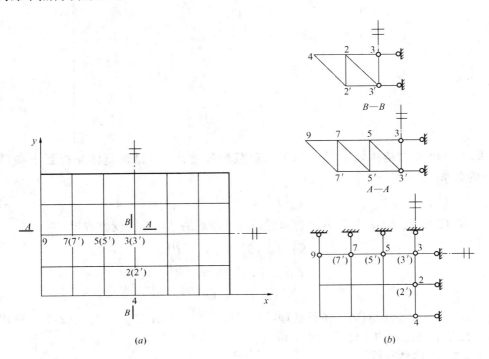

图 2-30　对称面内杆件和节点处理

（a）结构平面；（b）计算单元

2. 对称面与结构整体坐标轴（x 轴或 y 轴）平行，并切断杆件。

当对称面切断杆件时，杆件与对称面相交的交点作为一个新的节点，这些新节点除按前述原则给予约束外，为保证被截取的计算单元不发生几何可变，尚需对新节点的其他方向给予必要的约束。

如图 2-31 所示的两向正交正放网架有两个对称面。平行于 x、y 轴的对称面与杆件相交，其交点作为新的节点，除分别沿 y、x 轴方向予以约束外，尚需对上下弦杆上的新节点在 y 及 z 方向分别予以约束，如 $u_{1'} = v_{1'} = w_{1'} = 0$，$u_{2'} = v_{2'} = w_{2'} = 0$。对交叉腹杆上

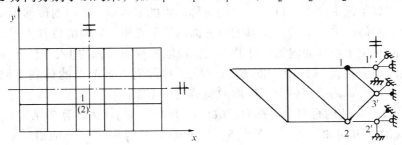

图 2-31　杆件被对称面切断处理

的新节点分别在 x、y 方向予以约束，如 $u_{3'} = v_{3'} = 0$。应当指出，这是结构分析的一种处理方法，并非结构的实际变形，但计算表明，在小挠度范围内，所得结果与网架整体分析的结果是吻合的。

3．对称面与结构整体坐标轴（x 轴或 y 轴）相交成某一角度。

与整体坐标系斜交的对称面内杆件、节点荷载、节点约束处理原则与前述相同，但约束方向与对称面垂直，需采用斜边界处理方法。图 2-32 所示的正六边形网架，可利用对称性取 1/6 或 1/12 结构作为计算单元，这时就有一个对称面与结构整体坐标轴成一角度，对称面内节点约束作为斜向约束处理。

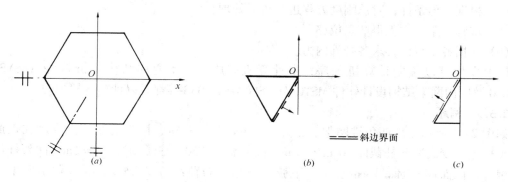

图 2-32　正六角形网架的对称面处理
（a）结构平面；（b）1/6 结构平面；（c）1/12 结构平面

2.5.6　总刚度方程求解

经过边界条件处理后的总刚度方程是一个线性方程组，求解这个方程组可得各节点的位移值。求解的方法一般分为两类：直接法和迭代法。计算机计算常用直接法，计算量小，不存在收敛性问题。直接法主要有高斯消去法、直接分解法（LU 分解法）、平方根法（Cholesky 分解法）和改进平方根法。

2.5.7　杆件内力计算

有了各节点的位移值，就可由式（2-11）得

$$\begin{bmatrix} F_{ij} \\ F_{ji} \end{bmatrix} = \frac{EA_{ij}}{l_{ij}} \begin{bmatrix} 1 & -1 \\ -1 & 1 \end{bmatrix} \begin{bmatrix} l & m & n & 0 & 0 & 0 \\ 0 & 0 & 0 & l & m & n \end{bmatrix} \begin{Bmatrix} u_i \\ v_i \\ w_i \\ u_j \\ v_j \\ w_j \end{Bmatrix}$$

上式中 F_{ij}、F_{ji} 均代表 ij 杆件内力，且两者绝对值相等。因 F_{ji} 正负号与杆件受拉为正、受压为负相一致，故 F_{ji} 作为杆件内力。将上式展开，得杆件内力

$$N_{ij} = F_{ji} = \frac{EA_{ij}}{l} \left[(u_j - u_i)\cos\alpha + (v_j - v_i)\cos\beta + (w_j - w_i)\cos\gamma \right] \tag{2-34}$$

2.5.8　计算步骤

空间桁架位移法的计算步骤：

（1）根据网架结构对称性情况和荷载对称情况，选取计算单元。

（2）对计算单元节点和杆件进行编号，节点编号应满足相邻节点号差最小的原则，以减少计算机容量，加快运算速度。杆件编号次序以方便检查为原则。

（3）计算杆件长度和杆件与结构整体坐标系夹角的余弦。

（4）建立结构整体坐标系下的各杆件的单元刚度。

（5）建立结构总刚度矩阵，即将单元刚度矩阵中的元素对号入座放到总刚度矩阵有关的位置上。

（6）计算节点荷载，建立荷载列阵，形成结构总刚度方程。

（7）根据边界条件，对总刚度方程进行边界处理。

（8）求解总刚度方程得节点位移。

（9）根据各节点位移求各杆件内力。

以上步骤可以编制计算机程序，由计算机完成。大型通用结构分析软件 ANSYS、SAP2000 及国内网架结构设计软件 MSTCAD、SFCAD、3D3S 等都可以计算网架内力。

2.5.9 例题

如图 2-33 所示正放四角锥网架。已知 $a = 4\text{m}$，$h = 3.5\text{m}$，网架上弦节点支承在钢筋混凝土柱上，铰支座，柱截面 $40\text{cm} \times 40\text{cm}$，混凝土为 C30，柱子长度 $H_z = 6\text{m}$，网架杆件采用钢管，截面面积 $A = 16\text{cm}^2$，上、下弦各作用均布荷载 $q = 2.5\text{ kN/m}^2$（包括网架自重），求节点挠度和杆件内力。

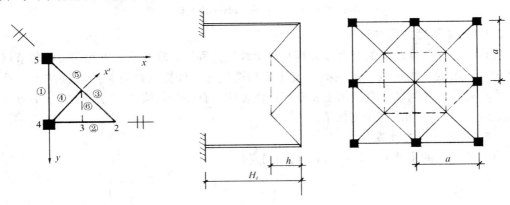

图 2-33　正放四角锥网架

解　利用对称性，取 1/8 网架作为计算单元（图 2-33），5 点为三向固定约束，4 点沿法向（即 x 方向）考虑下部结构共同工作，按弹性约束，其他两个方向固定约束。

1. 节点编号和杆件编号

编号及整体坐标系见图 2-33，节点坐标 (x, y, z) 以 m 为单位

$$1(2, 2, 3.5), 2(4, 4, 0), 3(2, 4, 3.5),$$
$$4(0, 4, 0), \quad 5(0, 0, 0)$$

2. 计算杆件长度

$$l_{54} = 4\text{m}$$

$$l_{51} = \sqrt{(2-0)^2 + (2-0)^2 + (3.5-0)^2} = 4.5\text{m}$$

$$l_{12} = \sqrt{(4-2)^2 + (4-2)^2 + (0-3.5)^2} = 4.5\text{m}$$

$$l_{14} = \sqrt{(0-2)^2 + (4-2)^2 + (0-3.5)^2} = 4.5\text{m}$$

$$l_{42} = 4\text{m}$$

$$l_{13} = 2\text{m}$$

3. 建立单元刚度矩阵

（1）54 杆（$i=5$，$j=4$）

$$l = \cos\alpha = \frac{0-0}{4} = 0;\; m = \cos\beta = \frac{4-0}{4} = 1.0;\; n = \cos\gamma = \frac{0-0}{4} = 0$$

$$\frac{EA_{54}}{l_{54}} = \frac{20.6 \times 10^3 \times 16}{400} = 824\text{ kN/cm}$$

$$[k_{55}^4] = [k_{44}^5] = -[k_{45}] = -[k_{54}] = \frac{EA_{54}}{l_{54}}\begin{bmatrix} l^2 & lm & ln \\ lm & m^2 & mn \\ ln & nm & n^2 \end{bmatrix} = 824\begin{bmatrix} 0 & 0 & 0 \\ 0 & 1 & 0 \\ 0 & 0 & 0 \end{bmatrix}$$

（2）51 杆（$i=5$，$j=1$）

$$l = \cos\alpha = \frac{2-0}{4.5} = 0.4444;\; m = \cos\beta = \frac{2-0}{4.5} = 0.4444$$

$$n = \cos\gamma = \frac{3.5-0}{4.5} = 0.7778$$

51 杆在对称面上，$A_{51} = 16/2 = 8\text{cm}^2$

$$\frac{EA_{51}}{l_{51}} = \frac{20.6 \times 10^3 \times 8}{450} = 366.22\text{ kN/cm}$$

$$[k_{55}^1] = [k_{11}^5] = -[k_{15}] = -[k_{51}] = 366.22\begin{bmatrix} 0.1975 & 0.1975 & 0.3457 \\ 0.1975 & 0.1975 & 0.3457 \\ 0.3457 & 0.3457 & 0.6050 \end{bmatrix}$$

（3）12 杆（$i=1$，$j=2$）

$$l = \cos\alpha = \frac{4-2}{4.5} = 0.4444;\; m = \cos\beta = \frac{4-2}{4.5} = 0.4444$$

$$n = \cos\gamma = \frac{0-3.5}{4.5} = -0.7778$$

12 杆在对称面上，$A_{12} = 16/2 = 8\text{cm}^2$

$$\frac{EA_{12}}{l_{12}} = \frac{20.6 \times 10^3 \times 8}{450} = 366.22\text{ kN/cm}$$

$$[k_{22}^1] = [k_{11}^2] = -[k_{21}] = -[k_{21}] = 366.22\begin{bmatrix} 0.1975 & 0.1975 & -0.3457 \\ 0.1975 & 0.1975 & -0.3457 \\ -0.3457 & -0.3457 & 0.6050 \end{bmatrix}$$

（4）14 杆（$i=1$，$j=4$）

$$l = \cos\alpha = \frac{0-2}{4.5} = -0.4444;\; m = \cos\beta = \frac{4-2}{4.5} = 0.4444$$

$$n = \cos\gamma = \frac{0-3.5}{4.5} = -0.7778$$

$$\frac{EA_{14}}{l_{14}} = \frac{20.6 \times 10^3 \times 16}{450} = 732.44 \text{ kN/cm}$$

$$[k_{11}^4] = [k_{44}^1] = -[k_{14}] = -[k_{41}] = 732.44 \begin{bmatrix} 0.1975 & -0.1975 & 0.3457 \\ -0.1975 & 0.1975 & -0.3457 \\ 0.3457 & -0.3457 & 0.6050 \end{bmatrix}$$

（5）42 杆（$i = 4, j = 2$）

$$l = \cos\alpha = \frac{4-0}{4} = 1; \quad m = \cos\beta = \frac{4-4}{4} = 0; \quad n = \cos\gamma = \frac{0-0}{4} = 0$$

42 杆在对称面上，$A_{42} = 16/2 = 8 \text{cm}^2$

$$\frac{EA_{42}}{l_{42}} = \frac{20.6 \times 10^3 \times 8}{400} = 412 \text{kN/cm}$$

$$[k_{22}^4] = [k_{44}^2] = -[k_{42}] = -[k_{24}] = 412 \begin{bmatrix} 1 & 0 & 0 \\ 0 & 0 & 0 \\ 0 & 0 & 0 \end{bmatrix}$$

（6）13 杆（$i = 1, j = 3$）

$$l = \cos\alpha = \frac{2-2}{2} = 0; \quad m = \cos\beta = \frac{4-2}{2} = 1; \quad n = \cos\gamma = \frac{3.5-3.5}{2} = 0$$

$$\frac{EA_{13}}{l_{13}} = \frac{20.6 \times 10^3 \times 16}{200} = 1648 \text{ kN/cm}$$

$$[k_{33}^1] = [k_{11}^3] = -[k_{13}] = -[k_{31}] = 1648 \begin{bmatrix} 0 & 0 & 0 \\ 0 & 1 & 0 \\ 0 & 0 & 0 \end{bmatrix}$$

4. 建立荷载列阵

节点 1、4、5 位于对称面上，节点荷载为整个网架时节点荷载的 1/2；而节点 2 位于四个对称面上，节点荷载为整个网架时节点荷载的 1/8，节点只有竖向荷载，节点 3 为对称面切断杆件后形成的新节点，荷载为零。故

节点 1　　$P_{1z} = 4 \times 4 \times 2.5/2 = 20 \text{kN}$

节点 2　　$P_{2z} = 4 \times 4 \times 2.5/8 = 5 \text{kN}$

节点 4　　$P_{4z} = 4 \times 2 \times 2.5/2 = 10 \text{kN}$

节点 5　　$P_{5z} = 2 \times 2 \times 2.5/2 = 5 \text{kN}$

$$\{P\} = [P_{1x} \ P_{1y} \ P_{1z} \ P_{2x} \ P_{2y} \ P_{2z} \ P_{3x} \ P_{3y} \ P_{3z} \ P_{4x} \ P_{4y} \ P_{4z} \ P_{5x} \ P_{5y} \ P_{5z}]^T$$

$$= [0 \ 0 \ 20 \ 0 \ 0 \ 5 \ 0 \ 0 \ 0 \ 0 \ 0 \ 10 \ 0 \ 0 \ 5]^T$$

5. 建立总刚度方程

由于节点 5 三向约束，节点 3 为对称面切断杆件后形成的新节点，也三向约束，不产生位移，按划行划列方法可以划去，故可只建立 1、2、4 三点总刚度方程：

$$\begin{array}{ccc} & 1 & 2 & 4 \end{array}$$
$$\begin{array}{c} 1 \\ 2 \\ 4 \end{array} \begin{bmatrix} [K_{11}] & 对 & \\ [K_{21}] & [K_{22}] & 称 \\ [K_{41}] & [K_{42}] & [K_{44}] \end{bmatrix} \begin{Bmatrix} \{\delta_1\} \\ \{\delta_2\} \\ \{\delta_4\} \end{Bmatrix} = \begin{Bmatrix} \{P_1\} \\ \{P_2\} \\ \{P_4\} \end{Bmatrix}$$

$$
\begin{array}{c}
\quad\quad\quad 1 \quad\quad\quad\quad\quad\quad 2 \quad\quad\quad\quad\quad\quad 4 \\
\begin{array}{c}1\\[30pt]2\\[30pt]4\end{array}
\begin{bmatrix}
\begin{array}{c}[k_{11}^5]+[k_{11}^2]\\+[k_{11}^4]+[k_{11}^3]\end{array} & \text{对} & \\[20pt]
[k_{21}] & [k_{22}^1]+[k_{22}^4] & \text{称}\\[20pt]
[k_{41}] & [k_{42}] & \begin{array}{c}[k_{44}^5]+[k_{44}^1]\\+[k_{44}^2]\end{array}
\end{bmatrix}
\begin{bmatrix}u_1\\v_1\\w_1\\u_2\\v_2\\w_2\\u_4\\v_4\\w_4\end{bmatrix}
=
\begin{bmatrix}0\\0\\20\\0\\0\\5\\0\\0\\10\end{bmatrix}
\end{array}
\quad (2\text{-}35)
$$

$$
[K_{11}] = [k_{11}^5]+[k_{11}^2]+[k_{11}^4]+[k_{11}^3]
$$
$$
= \begin{bmatrix}
289.31 & 0 & 253.20\\
0 & 1937.31 & -253.20\\
253.20 & -253.20 & 886.25
\end{bmatrix}
$$

$$
[K_{22}] = [k_{22}^1]+[k_{22}^4]
$$
$$
= \begin{bmatrix}
484.33 & 72.33 & -126.60\\
72.33 & 72.33 & -126.60\\
-126.60 & -126.60 & 221.56
\end{bmatrix}
$$

$$
[K_{44}] = [k_{44}^5]+[k_{44}^1]+[k_{44}^2]
$$
$$
= \begin{bmatrix}
556.66 & -144.66 & 253.20\\
-144.66 & 968.66 & -253.20\\
253.20 & -253.20 & 443.13
\end{bmatrix}
$$

$$
[K_{21}] = [k_{21}] = \begin{bmatrix}
-72.33 & -72.33 & 126.60\\
-72.33 & -72.33 & 126.60\\
126.60 & 126.60 & -221.56
\end{bmatrix}
$$

$$
[K_{41}] = [k_{41}] = \begin{bmatrix}
-144.66 & 144.66 & -253.20\\
144.66 & -144.66 & 253.20\\
-253.20 & 253.20 & -443.13
\end{bmatrix}
$$

$$
[K_{42}] = [k_{42}] = \begin{bmatrix}
-412 & 0 & 0\\
0 & 0 & 0\\
0 & 0 & 0
\end{bmatrix}
$$

将 $[K_{11}]$，$[K_{22}]$，$[K_{44}]$，$[K_{21}]$，$[K_{41}]$，$[K_{42}]$ 代入总刚度方程 (2-35) 中，考虑到对称性，4 点的 $w_4=v_4=0$，2 点的 $u_2=v_2=0$，这些都可以从行、列中划去，整理得

$$
\begin{bmatrix}
289.31 & & & \text{对} & \\
0 & 1937.31 & & & \\
253.20 & -253.20 & 886.25 & & \text{称}\\
126.60 & 126.60 & -221.56 & 221.56 & \\
-144.66 & 144.66 & -253.20 & 0 & 556.66
\end{bmatrix}
\begin{Bmatrix}u_1\\v_1\\w_1\\w_2\\u_4\end{Bmatrix}
=
\begin{Bmatrix}0\\0\\20\\5\\0\end{Bmatrix}
\quad (2\text{-}36)
$$

4 点沿 x 方向受柱弹性约束作用，柱弹性约束刚度系数 K_z 为

$$K_z = \frac{3E_z I_z}{H_z^3} = \frac{3 \times 3 \times 10^3 \times 40 \times 40^3/12}{600^3} = 8.89 \text{ kN/cm}$$

4 点在对称面上，K_z 应除 2 后加在第 5 行、第 5 列主对角元素上，则式（2-36）为

$$\begin{bmatrix} 289.31 & & & \text{对} & \\ 0 & 1937.31 & & & \\ 253.20 & -253.20 & 886.25 & & \text{称} \\ 126.60 & 126.60 & -221.56 & 221.56 & \\ -144.66 & 144.66 & -253.20 & 0 & 561.11 \end{bmatrix} \begin{Bmatrix} u_1 \\ v_1 \\ w_1 \\ w_2 \\ u_4 \end{Bmatrix} = \begin{Bmatrix} 0 \\ 0 \\ 20 \\ 5 \\ 0 \end{Bmatrix} \quad (2\text{-}37)$$

根据对称性，1 点垂直于对称面方向的位移为零，因此需进行斜边界条件处理。1 点斜边界坐标系的 z' 轴与整体坐标系的 z 轴平行，x'、y' 与 x、y 轴成 45°，则

$$\cos(x', x) = \cos(y', y) = \cos(y', x) = \cos 45° = 0.707$$
$$\cos(x', y) = \cos(90° + 45°) = -0.707$$
$$\cos(x', z) = \cos(y', z) = \cos(z', x) = \cos(z', y) = \cos 90° = 0$$

斜边界转换矩阵 $[R_1]$ 为

$$[R_1] = \begin{bmatrix} 0.707 & -0.707 & 0 \\ 0.707 & 0.707 & 0 \\ 0 & 0 & 1 \end{bmatrix}$$

则

$$[T] = \begin{bmatrix} 0.707 & -0.707 & 0 & 0 & 0 \\ 0.707 & 0.707 & 0 & 0 & 0 \\ 0 & 0 & 1 & 0 & 0 \\ 0 & 0 & 0 & 1 & 0 \\ 0 & 0 & 0 & 0 & 1 \end{bmatrix}$$

$$[\overline{K}] = [T][K][T]^{\mathrm{T}} = \begin{bmatrix} 1112.97 & & & \text{对} & \\ -823.75 & 1112.97 & & & \\ 358.02 & 0 & 886.25 & & \text{称} \\ 0 & 179.01 & -221.56 & 221.56 & \\ -204.55 & 0 & -253.20 & 0 & 561.11 \end{bmatrix}$$

$$\{\overline{P}\} = \begin{bmatrix} 0.707 & 0.707 & 0 & 0 & 0 \\ -0.707 & 0.707 & 0 & 0 & 0 \\ 0 & 0 & 1 & 0 & 0 \\ 0 & 0 & 0 & 1 & 0 \\ 0 & 0 & 0 & 0 & 1 \end{bmatrix} \begin{Bmatrix} 0 \\ 0 \\ 20 \\ 5 \\ 0 \end{Bmatrix} = \begin{Bmatrix} 0 \\ 0 \\ 20 \\ 5 \\ 0 \end{Bmatrix}$$

所以

$$\begin{bmatrix} 1112.97 & & & \text{对} & \\ -823.75 & 1112.97 & & & \\ 358.02 & 0 & 886.25 & & \text{称} \\ 0 & 179.01 & -221.56 & 221.56 & \\ -204.55 & 0 & -253.20 & 0 & 561.11 \end{bmatrix} \begin{Bmatrix} u'_1 \\ v'_1 \\ w'_1 \\ w_2 \\ u_4 \end{Bmatrix} = \begin{Bmatrix} 0 \\ 0 \\ 20 \\ 5 \\ 0 \end{Bmatrix} \quad (2\text{-}38)$$

52

根据对称性，$u'_1 = 0$，将它对应的行和列划去。式（2-38）可写成

$$\begin{bmatrix} 1112.97 & & 对 & \\ 0 & 886.25 & & 称 \\ 179.01 & -221.56 & 221.56 & \\ 0 & -253.20 & 0 & 561.11 \end{bmatrix} \begin{Bmatrix} v'_1 \\ w'_1 \\ w_2 \\ u_4 \end{Bmatrix} = \begin{Bmatrix} 0 \\ 20 \\ 5 \\ 0 \end{Bmatrix}$$

解上式得

$$v'_1 = -1.3372 \times 10^{-2} \text{ cm}$$

$$w'_1 = 4.9766 \times 10^{-2} \text{ cm}$$

$$w_2 = 8.3137 \times 10^{-2} \text{ cm}$$

$$u_4 = 2.2457 \times 10^{-2} \text{ cm}$$

由 $u'_1 = 0$，v'_1，w'_1 可得 u_1，v_1，w_1 即

$$\begin{bmatrix} u_1 \\ v_1 \\ w_1 \end{bmatrix} = \begin{bmatrix} 0.707 & 0.707 & 0 \\ -0.707 & 0.707 & 0 \\ 0 & 0 & 1 \end{bmatrix} \begin{Bmatrix} 0 \\ -1.3372 \times 10^{-2} \\ 4.9766 \times 10^{-2} \end{Bmatrix} = \begin{Bmatrix} -0.9454 \times 10^{-2} \\ -0.9454 \times 10^{-2} \\ 4.9766 \times 10^{-2} \end{Bmatrix}$$

6. 求解杆件内力

$$N_{54} = 824 \times [0 \times (0 - 2.2457 \times 10^{-2}) + 1.0 \times (0 - 0) + 0 \times (0 - 0)] = 0$$

$$N_{42} = 2 \times 412 \times [1 \times (0 - 2.2457 \times 10^{-2}) + 0 \times (0 - 0) + 0 \times (8.3137 \times 10^{-2} - 0)]$$

$$= -18.50 \text{kN}$$

$$N_{13} = 1648 \times [0 \times (0 + 0.9454 \times 10^{-2}) + 1.0 \times (0 + 0.9454 \times 10^{-2}) + 0$$

$$\times (0 - 4.9766 \times 10^{-2})]$$

$$= 15.58 \text{kN}$$

$$N_{51} = 2 \times 366.22 \times [0.4444 \times (-0.9454 \times 10^{-2} - 0) + 0.4444 \times (-0.9454 \times 10^{-2} - 0)$$

$$+ 0.7778 \times (4.9766 \times 10^{-2} - 0)] = 22.20 \text{kN}$$

$$N_{14} = 732.44 \times [-0.4444 \times (2.2457 \times 10^{-2}$$

$$+ 0.9454 \times 10^{-2}) + 0.4444 \times (0 + 0.9454$$

$$\times 10^{-2}) - 0.7778 \times (0 - 4.9766 \times 10^{-2})]$$

$$= 21.04 \text{kN}$$

$$N_{12} = 2 \times 366.22 \times [0.4444 \times (0 + 0.9454 \times$$

$$10^{-2}) + 0.4444 \times (0 + 0.9454 \times 10^{-2})$$

$$- 0.7778 \times (8.3137 \times 10^{-2} - 4.9766 \times 10^{-2})]$$

$$= -12.86 \text{kN}$$

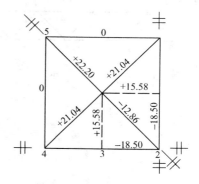

图 2-34 网架杆件内力

杆件内力列于图2-34。

2.6 网架在温度作用下的内力计算

网架是超静定结构,由于网架施工安装完毕时的气温与网架使用阶段的最高或最低环境温度的差别,会引起网架杆件的伸长或缩短,如果这种温度变形受到约束,将产生温度应力。

2.6.1 网架不考虑温度作用下内力的条件

当温度变化时,网架杆件中支承平面弦杆的温度内力为最大,并随着支座法向约束的减弱而减少。当支座法向约束减弱到一定程度时,网架的温度内力很小,可不考虑其影响。《网架结构设计与施工规程》(JGJ 7—91)根据网架因温差引起的温度应力不超过钢材强度设计值5%规定,当网架结构符合下列条件之一时,可不考虑由于温度变化引起的内力:

1. 支座节点的构造允许网架侧移时,其侧移值应等于或大于公式(2-39)的计算值;

2. 当周边支承的网架,且网架验算方向跨度小于 40m 时,支承结构应为独立柱或砖壁柱;

3. 在单位力作用下,柱顶位移值应等于或大于下式的计算值:

$$u = \frac{L}{2\xi EA_\mathrm{m}}\left(\frac{E\alpha\Delta_t}{0.038f} - 1\right) \tag{2-39}$$

式中 L——网架在验算方向的跨度;

E——网架材料的弹性模量;

f——钢材的强度设计值;

A_m——支承(上承或下承)平面弦杆截面积的算术平均值。图 2-35（a）中的下弦杆截面积的算术平均值，图 2-35（b）中的上弦杆截面积的算术平均值;

α——网架材料的线膨胀系数; $\alpha = 1.2 \times 10^{-5}/℃$;

Δ_t——温度差;

ξ——系数。支承平面弦杆为正交正放时 $\xi = 1$，正交斜放时 $\xi = \sqrt{2}$，三向时 $\xi = 2$。

当网架支座节点的构造沿边界法向不能相对位移时,由温度变化而引起的柱顶水平力可按下列公式计算:

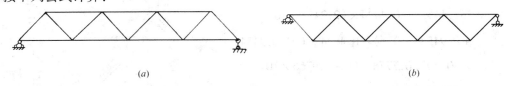

(a) (b)

图 2-35 网架支承平面
（a）下弦平面支承；（b）上弦平面支承

$$T = \frac{\alpha\Delta_t L}{\dfrac{L}{\xi EA_\mathrm{m}} + \dfrac{2}{K_\mathrm{c}}} \tag{2-40}$$

式中 K_c——柱子的水平刚度:

$$K_c = \frac{3E_c I_c}{H_c^3} \qquad (2\text{-}41)$$

E_c——柱子材料的弹性模量；

I_c——柱子截面惯性矩，当为框架柱时取等代柱的折算截面惯性矩；

H_c——柱的高度。

2.6.2 网架温度作用下内力的计算

计算温度变化引起的网架内力，可采用空间桁架位移法的精确计算方法和把网架简化为平面构架的近似分析法。这里仅介绍空间桁架位移法。

用空间桁架位移法计算网架温度应力的基本原理是：首先将网架各节点加以约束，求出因温度变化而引起的杆件固端内力和各节点的不平衡力。然后取消约束，将节点不平衡力反向作用在节点上。用空间桁架位移法可求出由节点不平衡力引起的杆件内力。最后将杆件固端内力和由节点不平衡力引起的杆件内力叠加，即得网架杆件的温度内力和应力。该方法适用于计算各种网架形式、各种支承条件和各种温度变化的网架温度应力。

1. 因温度变化而引起的杆件固端内力

当网架所有节点均被约束时，因温度变化而引起 ij 杆的固端内力为：

$$N_{ij}^1 = -E\Delta_t \alpha A_{ij} \qquad (2\text{-}42)$$

以拉为正，压为负。

式中　E——钢材的弹性模量；

Δ_t——温差（℃），以升温为正；

α——钢材的线膨胀系数；

$$\alpha = 1.2 \times 10^{-5}/℃$$

A_{ij}——ij 杆的截面面积；

同时，杆件对节点产生固端节点力，其大小与杆件的固端内力相同，方向与它相反。设 ij 杆在 i 端、j 端产生的固端节点力如图 2-36，则在结构整体坐标系下的分力为

$$P_{ix}^i = -P_{jx}^i = N_{ij}^1 \cos\alpha_{ij} = -E\Delta_t \alpha A_{ij} \cos\alpha_{ij} \qquad (2\text{-}43a)$$

$$P_{iy}^i = -P_{jy}^i = N_{ij}^1 \cos\beta_{ij} = -E\Delta_t \alpha A_{ij} \cos\beta_{ij} \qquad (2\text{-}43b)$$

$$P_{iz}^i = -P_{jz}^i = N_{ij}^1 \cos\gamma_{ij} = -E\Delta_t \alpha A_{ij} \cos\gamma_{ij} \qquad (2\text{-}43c)$$

式中　$\cos\alpha_{ij}$、$\cos\beta_{ij}$、$\cos\gamma_{ij}$——分别为 ij 杆（自 i 端到 j 端方向）与整体坐标系 x，y，z 轴的夹角的余弦，即 2.5.2 节中的 l、m、n；

P_{ix}^i、P_{iy}^i、P_{iz}^i——分别为 ij 杆的 i 端固端节点力在整体坐标系 x，y，z 轴方向的分力；

P_{jx}^i、P_{jy}^i、P_{jz}^i——分别为 ij 杆的 j 端固端节点力在整体坐标系 x，y，z 轴方向的分力。

2. 节点不平衡力引起的杆件内力

设与 i 节点相连的杆件有 m 根（图 2-37），则由固端节点力引起的 i 节点不平衡力的分力为

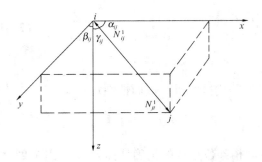

图 2-36 温度变化引起的杆端节点力

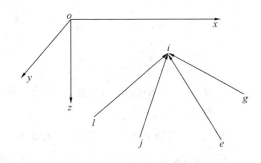

图 2-37 i 节点不平衡力

$$P_{ix} = \sum_{k=1}^{m} P_{ix}^{k} = \sum_{k=1}^{m} - E\Delta_t\alpha A_{ik}\cos\alpha_{ik} \qquad (2-44a)$$

$$P_{iy} = \sum_{k=1}^{m} P_{iy}^{k} = \sum_{k=1}^{m} - E\Delta_t\alpha A_{ik}\cos\beta_{ik} \qquad (2-44b)$$

$$P_{iz} = \sum_{k=1}^{m} P_{iz}^{k} = \sum_{k=1}^{m} - E\Delta_t\alpha A_{ik}\cos\gamma_{ik} \qquad (2-44c)$$

同理，可求出网架其它节点的不平衡力。把各节点上的节点不平衡力反向作用在网架各节点上，即建立由节点不平衡力引起的结构总刚度方程，其表达式为

$$[K]\{\delta\} = - \{P^t\} \qquad (2-45)$$

式中　$[K]$——结构总刚度矩阵，见式(2-19)；

　　　$\{\delta\}$——由节点不平衡力引起的节点位移列矩阵；

$$\{\delta\} = [u_1 \quad \nu_1 \quad w_1 \quad \cdots \quad u_i \quad \nu_i \quad w_i \quad \cdots \quad u_n \quad \nu_n \quad w_n]^T$$

$\{P^t\}$——节点不平衡力列矩阵。

$$\{P^t\} = [P_{1x} \quad P_{1y} \quad P_{1z} \quad \cdots \quad P_{ix} \quad P_{iy} \quad P_{iz} \quad \cdots \quad P_{nx} \quad P_{ny} \quad P_{nz}]^T$$

式（2-45）必须引入边界条件后才能有解。对于周边简支的网架，因为网架支座节点一般都支承在钢筋混凝土柱或梁上，而钢与钢筋混凝土的线膨胀系数又极为接近，所以当温度变化时，网架沿周边方向受到的约束比较小。因此，一般认为，网架支座节点的切向

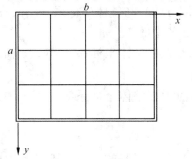

图 2-38　周边简支网架

无约束，图 2-38 中的 a 点 $\nu_a = 0$，b 点 $u_b = 0$。而网架边界节点的径向变形则受到支承结构的约束，弹性约束系数可按式(2-20)计算。对于点支承的网架，沿柱子的径向和切向都受到支承结构的约束，弹性约束系数同样可按式(2-20)计算，但 I_z 应取相应的惯性矩。

考虑了边界条件后，从式（2-45）可求出节点位移，即

$$\{\delta\} = - [K]^{-1}\{P^t\}$$

ij 杆由节点不平衡力引起的杆件内力为

$$N_{ij}^2 = \frac{EA_{ij}}{l_{ij}} \left[(u_j - u_i)\cos\alpha_{ij} + (\nu_j - \nu_i)\cos\beta_{ij} + (w_j - w_i)\cos\gamma_{ij} \right] \qquad (2\text{-}46)$$

3. 网架杆件的温度内力

网架杆件的温度内力由杆件固端内力与节点不平衡力引起的杆件内力叠加而得，即

$$N_{ij}^t = N_{ij}^1 + N_{ij}^2$$

将式（2-42）和式（2-46）代入上式得网架温度作用下 ij 杆内力

$$N_{ij}^t = EA_{ij} \left[\frac{(u_j - u_i)\cos\alpha_{ij} + (\nu_j - \nu_i)\cos\beta_{ij} + (w_j - w_i)\cos\gamma_{ij}}{l_{ij}} - \Delta_t \alpha \right] \qquad (2\text{-}47)$$

2.7 网架在地震作用下的内力计算

地震发生时，由于强烈的地面运动而迫使网架产生振动，由振动引起的惯性作用使网架结构产生很大的地震内力和位移，从而有可能造成网架的破坏和倒塌，或失去工作能力。因此，在地震设防区必须对网架结构进行抗震计算。

2.7.1 网架结构的动力特性

网架与其他结构相比跨度较大，结构相对较柔，有其自身的动力特性：

（1）网架的振型可以分为水平振型和竖向振型两类，水平振型以承受水平振动为主，其节点位移水平分量较大，竖向分量较小；竖向振型以承受竖向振动为主，其节点位移竖向分量较大，水平分量较小。网架的第一振型均为竖向振型。

（2）振动频率非常密集，网架结构的频率密集程度较其他结构更为显著。

（3）网架的基本周期或基频与网架的短向跨度 L_2 关系很大，跨度越大则基本周期越大，基频越小；与网架的长向跨度 L_1 也有关，但改变的幅度不大；与支座的强弱、荷载的大小等略有关系；不同类型但具有相同跨度的网架基本周期比较接近。

（4）常用周边支承网架的基本周期约在 0.3 至 0.7sec 左右。

（5）网架结构对称、荷载对称时，网架的第一振型呈对称性。利用对称性进行网架的自振周期和振型分析时，基本周期不会因利用对称性而被删除。

2.7.2 网架不需要抗震验算的条件

研究分析表明，在设防烈度为 6 度或 7 度的地区，在竖向地震作用下，网架的地震内力和位移均不显著，在水平地震作用下，网架的地震内力和位移都不大。对一些周边支承的网架，即使设防烈度为 8 度时，水平地震作用所产生的杆件内力也并不可观，况且，水平地震作用所引起的内力一般在边界部分较大，而在跨中很小，通常不需要加大杆件截面。因此《网架结构设计与施工规程》（JGJ 7—91）规定：

（1）在抗震设防烈度为 6 度或 7 度的地区，网架屋盖结构可不进行竖向抗震验算；

（2）在抗震设防烈度为 8 度或 9 度的地区，网架屋盖结构应进行竖向抗震验算；

（3）在抗震设防烈度为7度的地区，可不进行网架结构水平抗震验算；

（4）在抗震设防烈度为8度的地区，对于周边支承的中小跨度网架可不进行水平抗震验算；

（5）在抗震设防烈度为9度的地震区，对各种网架结构均应进行水平抗震验算。

2.7.3 地震作用下的内力计算

网架结构在地震作用下的内力分析可采用振型分解反应谱法或时程法进行，但对一些平面不复杂、支承简单、跨度不很大的网架可采用简化计算方法。振型分解反应谱法和时程法可参阅有关资料，这里仅介绍规程推荐的简化计算方法。

1. 竖向地震作用

（1）对于周边支承网架屋盖以及多点支承和周边支承相结合的网架屋盖，竖向地震作用标准值可按下式确定：

$$F_{Evki} = \pm \Psi_v G_i \tag{2-48}$$

式中　F_{Evki}——作用在网架 i 节点上竖向地震作用标准值；

　　　G_i——网架第 i 节点的重力荷载代表值，其中恒载取100%；雪荷载及屋面积灰荷载取50%；不考虑屋面活荷载；

　　　Ψ_v——竖向地震作用系数，按表2-4取值。

场地类别按现行《建筑抗震设计规范》（GB 50011—2001）确定。

对于悬挑长度较大的网架屋盖结构以及用于楼层的网架结构，当设防烈度为8度或9度时，其竖向地震作用标准值可分别取该重力荷载代表值的10%或20%，对设计基本地震加速度为0.3g时，取该重力荷载代表值的15%计算重力荷载代表值时，对一般民用建筑，楼面活荷载取50%。

按以上方法求得竖向地震作用标准值后，将其视为等效的荷载作用于网架，按空间桁架位移法即可计算出各杆件的地震作用内力。

竖向地震作用系数　　　　表2-4

设防烈度	场地类别		
	I	II	III、IV
8	— (0.10)	0.08 (0.12)	0.10 (0.15)
9	0.15	0.15	0.20

注：括号内数值分别用于设计基本地震加速度为0.3g的地区。

（2）对于周边简支、平面形式为矩形的正放类和斜放类（指上弦杆平面）网架，其竖向地震作用所产生的杆件轴向力标准值可按下列公式计算：

$$N_{Evi} = \pm \xi_i \mid N_{Gi} \mid \tag{2-49}$$

$$\xi_i = \lambda \xi_v \left(1 - \frac{r_i}{r} \eta \right) \tag{2-50}$$

式中　N_{Evi}——竖向地震作用引起第 i 杆的轴向力标准值；

　　　N_{Gi}——在重力荷载代表值作用下第 i 杆的轴向力标准值，可由空间桁架位移法求得；

　　　ξ_i——第 i 杆的竖向地震轴向力系数；

　　　λ——设防烈度系数，当烈度8度时 $\lambda=1$，烈度9度时 $\lambda=2$；

　　　ξ_v——竖向地震作用轴向力系数，可根据网架的基本频率 f_1 按图2-39取用；

　　　α，f_0——系数，按表2-5取值。

　　　r_i——网架平面的中心 O 至第 i 杆中点 B 的距离（图2-40）；

r——OA 的长度，A 点为 OB 线段与圆（或椭圆）锥底面圆周的交点；

η——修正系数，按表 2-6 取值。

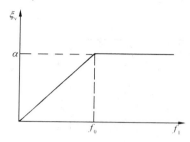

图 2-39　竖向地震作用轴向力系数

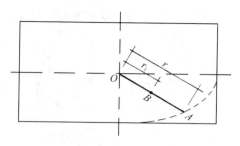

图 2-40　计算修正系数的长度

网架的基本频率可近似按下式计算

$$f_1 = \frac{1}{2}\sqrt{\Sigma G_j w_j / \Sigma G_j w_j^2} \tag{2-51}$$

式中　G_j——网架第 j 节点重力荷载代表值；

w_j——重力荷载代表值作用下第 j 节点竖向位移。

<table>
<tr><td colspan="4">确定竖向地震轴向力系数的 α，f_0 值</td><td>表 2-5</td></tr>
<tr><td rowspan="2">场地类别</td><td colspan="2">α</td><td rowspan="2">f_0
（H_z）</td></tr>
<tr><td>正放类</td><td>斜放类</td></tr>
<tr><td>Ⅰ</td><td>0.095</td><td>0.135</td><td>5.0</td></tr>
<tr><td>Ⅱ</td><td>0.092</td><td>0.130</td><td>3.3</td></tr>
<tr><td>Ⅲ</td><td>0.080</td><td>0.110</td><td>2.5</td></tr>
<tr><td>Ⅳ</td><td>0.080</td><td>0.110</td><td>1.5</td></tr>
</table>

<table>
<tr><td colspan="3">修正系数 η 值</td><td>表 2-6</td></tr>
<tr><td>网架上弦杆
布置形式</td><td>平面形式</td><td>η</td></tr>
<tr><td rowspan="2">正放类</td><td>正方形</td><td>0.19</td></tr>
<tr><td>矩形</td><td>0.13</td></tr>
<tr><td rowspan="2">斜放类</td><td>正方形</td><td>0.44</td></tr>
<tr><td>矩形</td><td>0.20</td></tr>
</table>

2. 水平地震作用

确定水平地震作用标准值时，通常把网架结构当作一块刚性平板而简化为单质点体系，按下列公式计算。

结构的总水平地震作用标准值：

$$F_{EK} = \alpha_1 G_E \tag{2-52}$$

作用于网架节点 i 上的水平地震作用标准值：

$$F_i = \frac{G_i}{\Sigma G_i} F_{EK} \tag{2-53}$$

式中　G_i 和 G_E——分别为作用于网架节点 i 上的节点重力荷载代表值和作用于屋盖上的全部重力荷载代表值（包括网架结构自重）；

α_1——相应于结构基本自振周期的水平地震影响系数，按《建筑抗震设计规范》（GB 50011—2001）确定。

整个网架按照各节点承受 F_i 水平力的体系用空间桁架位移法进行内力计算。

网架的支承结构应按有关规范的相应规定进行抗震验算。

2.7.4　网架的抗震构造要求

建造在抗震地区的网架结构，必须满足如下构造要求：

（1）抗震设防烈度为 7 度和 7 度以上时，网架在其支承平面周边区段宜设置水平支撑。图 2-41a 和图 2-41b 分别为正交正放类和正交斜放类周边支承网架，在周边弦杆网格内设置斜杆和水平杆，以形成封闭体系。

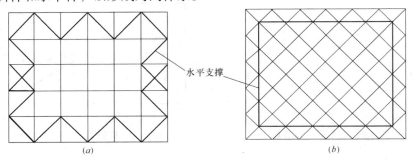
水平支撑

图 2-41　网架水平支撑设置
（a）正交正放类网架；（b）正交斜放类网架

（2）沿周边 2~3 网格区域内杆件的长细比不应大于 180。这是因为网架周边弦杆在静力作用下杆件内力较小，在地震作用下，周边杆件地震作用效应的动静力比（地震作用效应与静力作用效应之比）都大于 1，常常会发生杆件内力变号，故规定杆件不论是受压还是受拉，其容许长细比均按受压考虑。

（3）有檩体系屋盖的檩条必须与网架可靠连接，并应有足够的支承长度，若采用焊接，焊缝长度不应小于 60mm；无檩体系屋盖的钢筋混凝土屋面板必须保证与网架三点焊牢，屋面板搁置长度不应小于 80mm。

（4）网架屋面排水坡度的形成宜采用变高度或整个网架起拱办法。在上弦节点上加小立柱的办法将使屋面质量集中在小立柱顶端，对网架抗震不利。

2.8　网架的杆件与设计

2.8.1　杆件材料及截面形式选择

网架结构的杆件一般采用 Q235 钢和 Q345 钢，当荷载较大或跨度较大时，宜采用 16Mn 钢，以减轻网架结构的自重，节约钢材。网架结构杆件对钢材材质的要求与普通钢结构相同。

钢杆件截面型式分为圆钢管、角钢、薄壁型钢三种。管材可采用高频电焊钢管或无缝钢管。薄壁圆钢管因其相对回转半径大和其截面特性无方向性，对受压和受扭有利，故一般情况下，圆钢管截面比其他型钢截面可节约 20% 的用钢量。当有条件时应优先采用薄壁圆管形截面。

杆件截面形式的选择与网架的网格形式有关。对交叉平面桁架体系，可选用角钢或圆钢管杆件；对于空间桁架体系（四角锥体系、三角锥体系）则应选用圆钢管杆件。

杆件截面形式的选择还与网架的节点形式有关。若采用钢板节点，宜选用角钢杆件；若采用焊接球节点、螺栓球节点，则应选用圆钢管杆件。

网架杆件的截面应根据承载力和稳定性的计算确定。对于轴心受拉杆件，应验算强度和刚度（长细比）条件。对于轴心受压杆件或压弯杆件，则应验算强度、稳定和刚度条件。

2.8.2 杆件的计算长度及容许长细比

杆件的计算长度与汇集于节点的杆件的受力状况及节点构造有关。与平面桁架相比，网架节点处汇集杆件较多（6～12根），且常有不少应力较低的杆件，因而对满应力杆件起着提高稳定性的作用。球节点与钢板节点相比，前者的抗扭刚度大，对压杆的稳定性比较有利。焊接空心球节点比螺栓球节点对杆件的嵌固作用大。确定网架杆件长细比时，其计算长度 l_0 应按表 2-7 采用。表中 L 为杆件几何长度，即节点中心间的距离。

网架杆件计算长度 l_0　　表 2-7

杆　件	节　点		
	螺栓球	焊接空心球	板节点
弦杆及支座腹杆	L	$0.9L$	L
其它腹杆	L	$0.8L$	$0.8L$

由于网架结构是空间结构，杆件的容许长细比可比平面桁架放宽一些，具体规定如下：

1. 受压杆件：$[\lambda] = 180$
2. 受拉杆件：一般杆件 $[\lambda] = 400$，支座附近处杆件 $[\lambda] = 300$，直接承受动力荷载杆件 $[\lambda] = 250$。

2.8.3 网架杆件的最小截面尺寸

网架杆件的最小截面尺寸应根据网架跨度及网格大小确定，角钢不宜小于 L50×3，圆钢管不宜小于 $\phi48\times2$。薄壁型钢的壁厚不应小于 2mm。

在选择杆件截面时，应避免最大截面弦杆与最小截面腹杆同交于一个节点的情况，否则容易造成腹杆弯曲（特别是螺栓球节点网架）。

在构造设计时，宜避免难于检查、清刷、油漆以及积留湿气或灰尘的死角或凹槽。对于管形截面杆件，应将两端封闭。

2.9　网架的节点与设计

2.9.1 节点型式及选择

节点在网架结构中起着连接汇交杆件，传递杆件内力的作用。节点也是网架与屋面、吊顶、管道设备、悬挂吊车等的连接之处，起着传递荷载的作用。因此，节点是网架结构的重要组成部分。

网架结构是空间杆系结构，在每个节点上汇交的杆件较多，最少的有 6 根，如斜放四角锥网架的上弦节点，一般的有 8 根，如正放四角锥网架的节点；最多的可达 13 根，如三向网架的节点。这些杆件往往不在同一平面内，故网架结构的节点构造要比平面桁架复杂得多。因而，节点型式的选择也是网架设计中的重要内容。节点设计是否合理，将直接影响网架的工作性能、安装质量、用钢量及工程造价等。

网架的节点型式主要有：

（1）按节点在网架中的位置可分为：中间节点（网架杆件汇交的一般节点）、再分杆节点、屋脊节点和支座节点。

（2）按节点的连接方式可分为：焊接连接节点、高强度螺栓连接节点、焊接和高强度螺栓混合连接节点。

（3）按节点的构造形式可分为：板节点、半球节点、球节点、钢管圆筒节点、钢管鼓节点等。我国最常用的是钢板节点、焊接空心球节点、螺栓球节点。

网架节点设计的要求是：受力合理，传力明确，便于制造、安装，节省钢材。从受力性能来看，合理的节点构造，应尽量使杆件轴线交汇于节点中心，以避免在杆件中出现偏心力矩；同时，应尽量使节点构造与计算假定相符，以减小和避免网架杆件产生次应力及引起杆件内力变号。应特别注意支座节点的构造，若同计算假定的边界条件不符，将造成相当大的计算误差，甚至影响结构的安全。

网架节点型式的选择应考虑网架类型、受力性质、杆件截面形状、制造工艺、安装方法等条件。例如：对于交叉平面桁架体系中的两向网架，用角钢作杆件时，一般多采用钢板节点；对于空间桁架体系（四角锥、三角锥体系等）网架，用圆钢管作杆件时，若杆件内力不是非常大（一般≤750kN），可采用螺栓球节点，若杆件内力非常大，一般应采用焊接空心球节点。

2.9.2 螺栓球节点

螺栓球节点是在设有螺纹孔的钢球体上，通过高强度螺栓将汇交于节点处的焊有锥头或封板的圆钢管杆件连接起来的节点。这种节点对空间汇交的圆钢管杆件适应性强，杆件连接不会产生偏心，没有现场焊接作业，运输、安装方便。

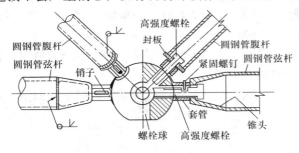

图 2-42 螺栓球节点

1. 螺栓球节点的组成、材料、特点

螺栓球节点由钢球、高强度螺栓、紧固螺钉（或销子）、套筒、锥头或封板等零件组成（图 2-42），适合于连接圆钢管杆件。

螺栓球节点零件所采用的材料、加工方法、性能要求等见表 2-8。

螺栓球节点的优点是节点小，重量轻，节点用钢量约占网架用钢量的 10%。可用于任何形式的网架，特别适用于四角锥或三角锥体系的网架。这种节点安装极为方便，可拆卸，安装质量易得到保证。可以根据

螺栓球节点零件所用材料及加工方法选用表 表 2-8

零件名称	采用钢号	成型方法	机械性能要求		备　注
钢　球	45 号钢	机械加工			原坯球锻压或铸造而成
高强度螺栓和紧固螺钉	45 号钢	与一般的高强度螺栓加工方法相同	经热处理后的硬度（HRC）	24～30	8.8 级高强螺栓用
	40Cr 钢			32～36	10.9 级高强螺栓用
	40B 钢			34～38	10.9 级高强螺栓用
	20MnTiB 钢			34～38	10.9 级高强螺栓用
锥头、封板	Q235 钢、Q345 钢	锥头采用铸造或锻造			应与杆件钢号一致
六角套筒（无纹螺母）	Q235 钢、20 号钢 45 号钢、Q345 钢	机械加工			可由六角钢直接加工
销子	高强度钢丝	机械加工			

具体情况采用散装、分条拼装和整体拼装等安装方法。螺栓球节点的缺点是，球体加工复杂，零部件多，加工精度高；价格贵；所需钢号不一，工序复杂。

2. 螺栓球节点的构造原理及受力特点

（1）构造原理

螺栓球节点的连接构造原理是，先将置有高强度螺栓的锥头或封板焊在钢管杆件的两端，在伸出锥头或封板的螺杆上套上带紧固螺钉孔的六角套筒（又称为无纹螺母），拧入紧固螺钉使其端部进入位于高强度螺栓无螺纹段上的滑槽内。拼装时，拧转套筒，通过紧固螺钉带动高强度螺栓转动，使螺栓旋入钢球体。在拧紧过程中，紧固螺钉沿螺栓上的滑槽移动，当高强度螺栓紧至设计位置时，紧固螺钉也到达滑槽端头的深槽，将螺钉旋入深槽固定，就完成了拼装过程（图2-43）。

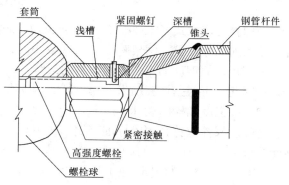

图 2-43　螺栓球节点的构造原理

（2）受力特点

拧紧螺栓的过程，相当于对节点施加预应力的过程。预应力大小与拧紧程度成正比。此时螺栓受预拉力，套筒受预压力；在节点上形成自相平衡的内力，而杆件不受力。当网架承受荷载后，拉杆内力通过螺栓受拉传递，随着荷载的增加，套筒预压力逐渐减小；到破坏时杆件拉力全由螺栓承受。对于压杆，则通过套筒受压来传递内力，螺栓预拉力随荷载的增加而减小；到破坏时，杆件压力全由套筒承受。

3. 螺栓球节点的设计

（1）螺栓钢球体的设计

螺栓钢球直径的大小主要取决于高强度螺栓的直径，高强度螺栓拧入球体的长度及相邻两杆件轴线之间的夹角。当网架中各杆件所需高强度螺栓直径确定以后，螺栓钢球直径的大小应同时满足两个条件：

1）保证相邻两螺栓在球体内不相碰；

2）保证套筒与钢球之间有足够的接触面。

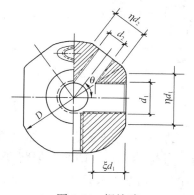

图 2-44　螺栓球

为此，可按以下公式确定钢球直径 D（图2-44）。

$$D \geqslant \sqrt{\left(\frac{d_2}{\sin\theta} + d_1 \mathrm{ctg}\theta + 2\xi d_1\right)^2 + \eta^2 d_1^2} \qquad (2\text{-}54)$$

$$D \geqslant \sqrt{\left(\frac{\eta d_2}{\sin\theta} + \eta d_1 \mathrm{ctg}\theta\right)^2 + \eta^2 d_1^2} \qquad (2\text{-}55)$$

式中　D——钢球直径，mm（应取式（2-54）、（2-55）算得结果中的较大值）；

　d_1，d_2——高强度螺栓直径，mm，$d_1 > d_2$；

　　θ——两高强度螺栓轴线之间的最小夹角，rad；

　　ξ——高强度螺栓伸进钢球长度与高强度螺栓直径的比值，一般取 $\xi = 1.1$；

η——套筒外接圆直径与高强度螺栓直径的比值，一般取 $\eta = 1.8$。

如果相邻两个高强度螺栓直径相同，即：$d_1 = d_2 = d_0$，则式（2-54）、（2-55）简化为

$$D \geqslant 2d_0 \sqrt{\left(\frac{1}{2} \operatorname{ctg} \frac{\theta}{2} + \xi \right)^2 + \frac{\eta^2}{4}} \tag{2-56}$$

$$D \geqslant \frac{\eta d_0}{\sin \dfrac{\theta}{2}} \tag{2-57}$$

钢球直径应取式（2-54）、（2-55）或式（2-56）、（2-57）计算结果中的较大值，并应符合产品系列尺寸要求。网架跨度、荷载较小时，钢球直径 D 不大，整个网架的钢球可只用一个直径；但钢球加工费用高，当网架跨度、荷载较大时，会使用钢量增加，工程成本加大；因此，可根据计算结果选择不同的钢球直径，但种类不宜过多。

（2）高强度螺栓的设计

高强度螺栓应符合国家标准《钢结构用高强度大六角头螺栓》（GB 1228—91）规定的性能等级为 8.8 级或 10.9 级的要求，并符合国家标准《普通螺栓基本尺寸—粗牙普通螺纹》（GB 196—81）的规定。但为使它的头部能在锥头或封板内转动方便，应将高强度螺栓的大六角头改制为圆头（图 2-45）。

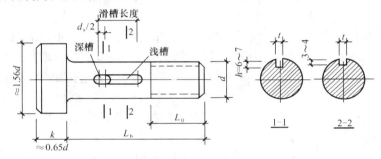

图 2-45　高强度螺栓外形

一般情况下，根据网架中最大受拉弦杆内力和最大受拉腹杆内力各选定一个螺栓直径，若这两个螺栓直径相差太大，可以在这两者之间再选一种螺栓直径；即使网架跨度、荷载较大时，选用高强度螺栓直径不宜过多，以免造成设计、制造、安装过于麻烦。

每个高强度螺栓的受拉承载力设计值按下式计算：

$$N_{max} \leqslant N_t^b = \psi A_{eff} f_t^b \tag{2-58}$$

$$A_{eff} \geqslant \frac{N_{max}}{\psi f_t^b} \tag{2-59}$$

式中　N_{max}——网架杆件（弦杆或腹杆）中的最大拉力设计值，N；

　　　N_t^b——高强度螺栓的抗拉承载力设计值，N；

　　　ψ——螺栓直径对承载力的影响系数，当螺栓直径 < 30mm 时，$\Psi = 1.0$；当螺栓直径 ≥ 30mm 时，$\Psi = 0.93$；

　　　f_t^b——高强度螺栓经热处理后的抗拉强度设计值：对 40Cr 钢，40B 钢，20MnTiB 钢为 430N/mm²；对 45 号钢为 365N/mm²；

A_{eff}——高强度螺栓的有效截面积，mm^2；可按表3-6选取；当螺栓上开有滑槽时，A_{eff}应取螺纹处和滑槽处的有效截面面积中的较小值。

滑槽处的有效截面面积（图2-45中1-1剖面）：

$$A_{eff} = \frac{\pi d^2}{4} - th \tag{2-60}$$

式中　t、h——分别为高强度螺栓无螺纹段处滑槽的深槽部位的槽宽度，槽深度。

高强度螺栓的栓杆长度L_b由构造确定（图2-46）：

$$L_b = \xi d + L_n + \delta \tag{2-61}$$

式中　L_b——高强度螺栓的栓杆长度，mm；

　　　ξd——高强度螺栓伸入钢球的长度，mm；$\xi = 1.1$，d为螺栓直径；

　　　L_n——套筒（无纹螺母）的长度，mm；

　　　δ——锥头底板或封板的厚度，mm。

高强度螺栓上的滑槽应设在无螺纹的光杆处，浅槽深度一般为3~4mm，深槽深度一般为6~7mm，滑槽长度可按下式计算：

$$a = \xi d - c + d_s + 4mm \tag{2-62}$$

式中　a——滑槽长度，mm；

　　　ξd——高强度螺栓伸入钢球的长度，mm；

　　　d_s——紧固螺钉的直径，一般为M4、M5、M6、M8、M10；

　　　c——高强度螺栓露出套筒外的长度，一般$c = 4~6mm$，且不应少于2个螺距。

受压杆件端部主要通过套筒传递压力，此处高强度螺栓只起连接作用，因此可按其内力设力值所求得的螺栓直径适当减小（一般最多可将螺栓直径减小3个档次，常用螺栓在螺纹处的有效截面面积见表3-6），但必须保证套筒具有足够的抗压承载力。

（3）套筒（无纹螺母）的设计

套筒的作用是拧紧高强度螺栓，承受圆钢管杆件传来的压力。

套筒的外形尺寸应符合扳手开口尺寸系列，端部应保持平整，内孔径可比高强度螺栓直径大1mm。

套筒端部到紧固螺钉孔边缘的距离应使该处有效截面抗剪承载力不低于紧固螺钉抗剪承载力进行计算确定，且不应小于紧固螺钉孔径的1.5倍和6mm，以保证套筒的整体刚性和抵抗带动紧固螺钉旋紧高强度螺栓时所产生的扭矩。

套筒的长度（图2-46a）按下式

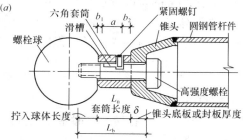

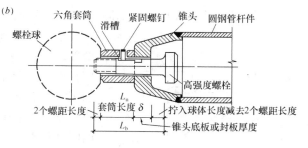

图2-46　高强度螺栓与螺栓球和圆钢管杆件的连接
（a）高强度螺栓与螺栓球拧紧后的状态；（b）高强度螺栓未与螺栓球拧紧的状态

计算：

$$L_n = a + b_1 + b_2 \tag{2-63}$$

式中　　L_n——套筒长度，mm；

　　　　a——高强度螺栓杆上的滑槽长度，由式（2-62）确定；

　　　　b_1——套筒左端部至高强度螺栓杆上的滑槽左边缘的距离，通常取 $b_1 = 4$mm；

　　　　b_2——套筒右端部至滑槽右边缘的距离，通常取 $b_2 = 6$mm。

对于承受圆钢管杆件传来轴心压力的套筒，应验算紧固螺钉孔处的抗压强度：

$$\sigma_c = \frac{N}{A_n} \leqslant f \tag{2-64}$$

式中　　N——圆钢管杆件传来的轴心压力设计值；

　　　　A_n——套筒在紧固螺钉孔处的净截面面积，可按下式计算：

$$A_n = \left[\frac{3\sqrt{3}}{2}R^2 - \frac{\pi(d+1)^2}{4} \right] - \left[\frac{\sqrt{3}}{2}R - \frac{(d+1)}{2} \right] d_s \tag{2-65}$$

　　　　R——套筒的外接圆半径，可取 $R \approx 0.9d$（图 2-47）；

　　　　d——高强度螺栓的直径；

　　　　d_s——紧固螺钉的直径；

　　　　f——套筒所用钢材的抗压强度设计值。

对于承受圆钢管杆件传来轴心压力的套筒，还应验算套筒端部的承压强度：

$$\sigma_{ce} = \frac{N}{A_{ce}} \leqslant f_{ce} \tag{2-66}$$

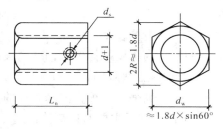

图 2-47　六角套筒（无纹螺母）

式中　　A_{ce}——套筒端部的实际承压面积，可按下式计算（图 2-47）；

　　　　f_{ce}——套筒所用钢材的端面承压强度设计值。

$$A_{ce} = \frac{\pi}{4} \left[d_w^2 - (d+1)^2 \right] \tag{2-67}$$

（4）紧固螺钉的设计

紧固螺钉的作用是搬手拧转套筒时带动高强度螺栓旋转，在拧紧高强度螺栓时，紧固螺钉承受剪力。当高强度螺栓拧至设计所要求深度时，紧固螺钉到达螺栓的滑槽端部的深槽，将紧固螺钉旋入深槽，加以固定，防止套筒松动。

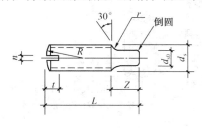

图 2-48　紧固螺钉

紧固螺钉采用高强度钢材制成（表 2-8），并经热处理，其直径一般可取高强度螺栓直径的 $0.16 \sim 0.18$ 倍且不宜小于 $M4$，也不宜大于 $M10$，螺纹按 3 级精度加工（图 2-48）。

紧固螺钉中的尺寸 L 和 Z（图 2-48）应根据套筒的厚度和高强度螺栓杆上的浅槽深度，深槽深度及其构造要求来确定。

（5）锥头和封板的设计

当圆钢管杆件直径 $\geqslant 76$mm 时，宜采用锥头。锥头的任何截面均应与杆件截面等强度，锥头底板的厚度不宜小于被连接杆件外径的1/6。锥头底板外侧平直部分的外接圆直径一般取高强度螺栓直径的1.8倍加3~5mm；锥头斜向筒壁的坡度应≤1/4（图2-49a）。

当圆钢管杆件直径＜76mm时，可采用封板，其厚度不宜小于杆件外径的1/5。

锥头和封板的表面要保持平整，以确保紧固高强度螺栓的装配质量。高强度螺栓孔的中心线应尽量与杆件轴线重合，螺栓孔径比螺栓直径大0.5~1.0mm。

锥头或封板台阶外径与钢管内径相配（图2-49），不允许有正公差，要求 $\begin{cases} -0.0 \\ +1.0 \end{cases}$；台阶长度5~8mm（图2-49）；锥头或封板台阶外圆端部开30°剖口，钢管端部也开30°剖口（图2-49），并在此处采用V型对接二级焊缝，以使焊缝与管材等强。焊缝宽度 b 取2~5mm，当钢管壁厚 $t \leqslant 10$mm时，取 $b = 2$mm。

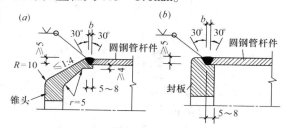

图2-49　锥头或封板与钢管的连接

【例2-1】正放四角锥网架，网格尺寸 $a = 3.6$m，网架高度 $h = 3.0$m。有一下弦节点，汇交有四根弦杆，最大轴心拉力 $N_1 = 207.43$kN；四根斜腹杆，最大轴心拉力 $N_3 = 87.57$kN。采用螺栓球节点，杆端采用10.9级高强度螺栓。试设计螺栓球节点。

解　（1）选择杆端高强度螺栓直径

10.9级高强度螺栓，$f_t^b = 430$N/mm²。假设弦杆端部的螺栓直径≥30mm，$\psi = 0.93$。由 $N_1 = 207.43$kN 得：

$$A_{eff} \geqslant \frac{N_{max}}{\psi f_t^b} = \frac{207.43 \times 10^3}{0.93 \times 430} = 518.70\text{mm}^2$$

查表3-6，选M30螺栓，$A_{eff} = 561$mm²。四根下弦杆均采用M30螺栓，$d = 30$mm。假设腹杆端部的螺栓直径＜30mm，$\psi = 1.0$。由 $N_3 = 87.57$kN 得：

$$A_{eff} \geqslant \frac{N_{max}}{\psi f_t^b} = \frac{87.57 \times 10^3}{1.0 \times 430} = 203.65\text{mm}^2$$

查表3-6，选M20螺栓，$A_{eff} = 245$mm²。四根斜腹杆均采用M20螺栓，$d = 20$mm。

（2）确定螺栓球直径 D

弦杆几何长度 $l = 3.6$m，腹杆几何长度 $l = \sqrt{(a/2)^2 + (a/2)^2 + h^2} = \sqrt{1.8^2 + 1.8^2 + 3^2} = 3.934$m。在该网架中一根弦杆与两根斜腹杆组成等腰三角形。该三角形中腹杆与腹杆间的夹角为 $\theta_1 = 2\arcsin(1800/3934) = 54.458°$；弦杆与腹杆间的夹角为 $\theta_2 = (180° - \theta_1)/2 = (180° - 54.458°)/2 = 62.771°$，或 $\theta_2 = \arccos(1800/3934) = 62.771°$。

由式(2-54)、(2-55)或式(2-56)、(2-57)确定螺栓球直径，需考虑以下三种情况：

①弦杆与腹杆之间

$d_1 = 30$mm，$d_2 = 20$mm，$\theta = \theta_2 = 62.771°$，$\xi = 1.1$，$\eta = 1.8$。由式（2-54）得：

$$D \geqslant \sqrt{\left(\frac{d_2}{\sin\theta} + d_1 \cot\theta + 2\xi d_1 \right)^2 + \eta^2 d_1^2}$$

$$=\sqrt{\left(\frac{20}{\sin 62.771°}+30\cot 62.771°+2\times 1.1\times 30\right)^2+1.8^2\times 30^2}=117.12\text{mm}$$

由式（2-55）得：

$$D\geqslant \sqrt{\left(\frac{\eta d_2}{\sin\theta}+\eta d_1\cot\theta\right)^2+\eta^2 d_1^2}$$

$$=\sqrt{\left(\frac{1.8\times 20}{\sin 62.771°}+1.8\times 30\cot 62.771°\right)^2+1.8^2\times 30^2}=87.05\text{mm}$$

取以上两个 D 值中的较大值，并考虑螺栓球规格，取 $D=120\text{mm}$。

②腹杆与腹杆之间

$d_0=20\text{mm}$，$\theta=\theta_1=54.458°$，$\xi=1.1$，$\eta=1.8$。由式（2-56）、（2-57）计算 D：

$$D\geqslant 2d_0\sqrt{\left(\frac{1}{2}\cot\frac{\theta}{2}+\xi\right)^2+\frac{\eta^2}{4}}=2\times 20\sqrt{\left(\frac{1}{2}\cot\frac{54.458°}{2}+1.1\right)^2+\frac{1.8^2}{4}}$$

$$=90.35\text{mm}$$

$$D\geqslant \frac{\eta d_0}{\sin(\theta/2)}=\frac{1.8\times 20}{\sin(54.458°/2)}=78.68\text{mm}$$

取以上两个 D 值中的较大值，并考虑螺栓球规格，取 $D=100\text{mm}$。

③两根相互垂直的弦杆之间

$d_0=30\text{mm}$，$\theta=90°$，$\xi=1.1$，$\eta=1.8$。由式（2-56）、（2-57）计算 D：

$$D\geqslant 2d_0\sqrt{\left(\frac{1}{2}\cot\frac{\theta}{2}+\xi\right)^2+\frac{\eta^2}{4}}=2\times 30\sqrt{\left(\frac{1}{2}\cot\frac{90°}{2}+1.1\right)^2+\frac{1.8^2}{4}}=110.15\text{mm}$$

$$D\geqslant \frac{\eta d_0}{\sin(\theta/2)}=\frac{1.8\times 30}{\sin(90°/2)}=76.37\text{mm}$$

取以上两个 D 值中的较大值，并考虑螺栓球规格，取 $D=115\text{mm}$。

比较以上①、②、③计算结果，最后选择螺栓球直径 $D=120\text{mm}$。螺栓球中其他零件的设计略。

2.9.3 焊接空心球节点

当网架杆件内力很大（一般 $>750\text{kN}$）时，若仍采用螺栓球节点，会造成钢球过大而使用钢量增多。此时应考虑采用焊接空心球节点。

1. 焊接空心球节点的材料、特点和基本构造

焊接空心球节点是用两块圆钢板（钢号 Q235 钢或 Q345 钢）经热压或冷压成两个半球后对焊而成的。钢球外径一般为 160mm ~ 500mm。分加肋与不加肋两种（图 2-50），肋板厚度与球壁等厚；肋板可用平台或凸台，当采用凸台时，其高度应 $\leqslant 1\text{mm}$。

焊接空心球节点的优点是传力明确，构造简单，造型美观，连接方便，适应性强。这种球节点适用于连接圆钢管，只要钢管切割面垂直于杆件轴线，杆件就能在空心球体上自

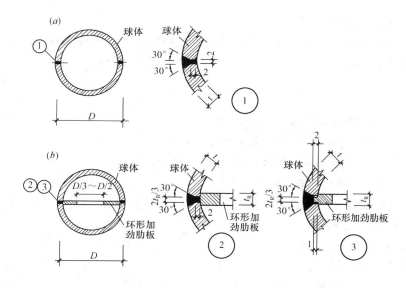

图 2-50　空心球剖面图

（a）无肋空心球；（b）有肋空心球

然对中而不产生偏心。由于球体没有方向性，可与任意方向的杆件相连；当汇交杆件较多时，其优点更为突出。因此，它的适应性强，可用于各种形式的网架结构。

焊接空心球节点的缺点是：用钢量较大，节点用钢量占网架总用钢量的 20% ~ 25%；冲压焊接费工，焊接质量要求高，现场仰焊、立焊占很大比重；杆件下料长度要求准确；当焊接工艺不当造成焊接变形过大后难于处理。

空心球外径 D 与球壁厚 t 的比值一般取 $D/t = 25 \sim 45$；空心球壁厚 t 与连接于空心球的圆钢管最大壁厚 t_{max}^p 的比值宜取：$t/t_{max}^p = 1.2 \sim 2.0$；空心球的壁厚宜 $t \geqslant 4\text{mm}$。

为便于施焊，确保焊缝质量，避免焊缝过分集中，空心球面上各杆件之间的净距宜 $a \geqslant 10\text{mm}$（图 2-51）。

同一网架中，宜采用一种或两种规格的球，最多不超过 4 种，以避免设计、制造、安装时过于复杂化。

空心球应钻一 $\phi 6$ 的小孔，供焊接时球内空气膨胀逸出之用。但焊接完毕后应将小孔封闭，以免球内发生锈蚀。

有下列情况之一时，宜在空心球内加设环形加劲肋板（图 2-50b）：

（1）空心球的外径 $D \geqslant 300\text{mm}$，且连接于空心球杆件的内力较大时；

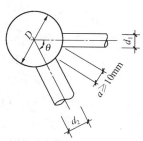

图 2-51　焊接空心球节点

（2）空心球的壁厚 t 小于与球相连的圆钢管腹杆壁厚 t_s 的 2 倍即：$t < 2t_s$ 时；

（3）空心球的外径 D 大于与球相连的圆钢管腹杆外径 d_s 的 3 倍，即：$D > 3d_s$ 时；

（4）在同一网架中，往往需要调整和统一空心球的外径，以减少球的规格，为此而需要在空心球内加设环形加劲肋板以满足球体的承载力设计值时。

环形加劲肋一般与空心球的球壁等厚，应将内力较大的圆钢管杆件设置在环形加劲肋板的平面内。在工程实践中，一般是设置在较大内力弦杆的轴线平面内。

2. 焊接空心球的直径及承载力

根据连接于空心球面上的两相邻圆钢管杆件之间的净距、两杆件轴线之间的夹角及两圆钢管杆件的外径，可按下式计算空心球的最小外径（图 2-51）：

$$D = (d_1 + 2a + d_2)/\theta \tag{2-68}$$

式中　D——空心球所需要的最小外径，mm；

　　　a——空心球上两圆钢管杆件之间的净距，应有 $a \geqslant 10$mm；

　　　θ——汇集于球节点任意两圆钢管杆件之间的夹角，rad；

　　d_1、d_2——组成 θ 角的两圆钢管杆件的外径，mm。

根据式（2-68）计算所得的 D，再考虑与焊接空心球外径的产品系列尺寸相一致，可初步选定钢球的外直径 D。

焊接空心球节点是一个闭合的球壳结构，由于汇交杆件数量多，方向各异，因而球体要承受和传递多个环形荷载，受力情况比较复杂，很难从理论上确定它的承载能力。一般都是以大量试验数据为基础，经回归分析确定其承载力的经验计算公式。当空心球直径为 $120 \sim 500$mm 时，其受压、受拉承载力设计值可分别按下列公式计算：

受压空心球：
$$N_{cmax} \leqslant N_c = \eta_c \left(400td - 13.3 \frac{t^2 d^2}{D} \right) \tag{2-69}$$

受拉空心球：
$$N_{tmax} \leqslant N_t = 0.55 \eta_t td\pi f \tag{2-70}$$

式中　N_{cmax}——与空心球相连的圆钢管杆件的最大轴心压力设计值，N；

　　　N_{tmax}——与空心球相连的圆钢管杆件的最大轴心拉力设计值，N；

　　　N_c——受压空心球的轴向受压承载力设计值，N；

　　　D——空心球外径，mm；

　　　t——空心球的壁厚，mm；

　　　d——与空心球相连的对应于 N_{cmax} 或 N_{tmax} 的圆钢管杆件的外径，mm；

　　　η_c——受压空心球加劲肋承载力提高系数，不加肋，$\eta_c = 1.0$；加肋，$\eta_c = 1.4$；

　　　N_t——受拉空心球的轴向受拉承载力设计值，N；

　　　f——钢材的抗拉强度设计值，N/mm^2；

　　　η_t——受拉空心球加劲肋承载力提高系数，不加肋，$\eta_t = 1.0$；加肋，$\eta_t = 1.1$。

3. 焊接空心球与杆件的连接

圆钢管杆件与空心球的焊接连接，一般均应满足与被连接的圆钢管杆件截面等强。

对于小跨度的轻型网架，当管壁厚度 $t < 6$mm 时，圆钢管杆件与空心球之间可采用角焊缝连接，圆钢管内可不加设短衬管。此时，按与杆件截面等强的条件可计算所需角焊缝焊脚尺寸 h_f：

$$h_f \geqslant \frac{A_{st}f}{0.7\pi df_f^w} \tag{2-71}$$

式中　A_{st}——被连接圆钢管杆件的截面面积，mm^2；

　　　f——杆件所用钢材的强度设计值，N/mm^2；

d——被连接圆钢管杆件的外直径，mm；

f_f^w——角焊缝的强度设计值，N/mm^2。

角焊缝的焊脚尺寸 h_f 还应符合以下要求：

（1）当 $t \leqslant 4$mm 时，$h_f \leqslant 1.5t$，且不宜小于 4mm；

（2）当 $t > 4$mm 时，$h_f \leqslant 1.2t$，且不宜小于 6mm。

t 为与空心球相连的圆钢管杆件的壁厚。

对于中跨度以上的网架，或与空心球相连的杆件内力较大，且管壁厚度 $\geqslant 6$mm 时，圆钢管端部应开坡口，并增设短衬管，与钢球之间采用完全焊透的对接焊缝连接，焊缝质量等级为二级，以确保焊缝与杆件钢材等强。此时其连接细部构造如图 2-52a 所示。但有时对某些内力较大的杆件，为了确保焊缝与母材等强。除了对接焊缝外，还采用部分角焊缝予以加强（图 2-52b）。角焊缝焊脚尺寸的取值为：$t \geqslant 10$mm 时，$h_f = 6$mm；$t < 10$mm 时，$h_f = 4$mm，

这里 t 为球体与圆钢管杆件壁厚中的较小值。圆钢管与钢球之间应有一定的缝隙，以保证焊缝焊透，此缝隙的宽度 $b = 2 \sim 6$mm（图 2-52），根据钢管壁厚确定，通常，当钢管壁厚 $t \leqslant 10$mm 时，可取 $b = 2$mm。

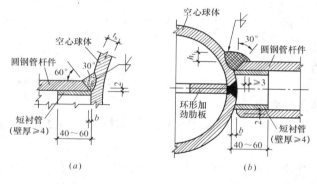

图 2-52　加短衬管的对接焊缝连接

【例 2-2】　正放四角锥网架，网格尺寸 $a = 4.2$m，网架高度 $h = 3.6$m。有一下弦节点，汇交有四根弦杆，最大轴心拉力 $N_1 = 987.8$kN；四根斜腹杆，最大轴心拉力 $N_2 = 574.9$kN，最大轴心压力 $N_3 = -354.2$kN。采用无缝钢管杆件，焊接空心球节点，均为 Q345 钢。试设计符合要求的焊接空心球节点。

解　（1）计算有关几何特性

弦杆几何长度 $l = 4.2$m，计算长度 $l_0 = 0.9l = 0.9 \times 4.2$m $= 3.78$m。腹杆几何长度 $l = \sqrt{(a/2)^2 + (a/2)^2 + h^2} = \sqrt{2.1^2 + 2.1^2 + 3.6^2} = 4.667$m，计算长度 $l_0 = 0.8l = 0.8 \times 4.667$m $= 3.7336$m。在该网架中一根弦杆与两根斜腹杆组成等腰三角形。该三角形中腹杆与腹杆间的夹角为 $\theta_1 = 2\arcsin(2100/4667) = 53.483° = 0.93345$rad；弦杆与腹杆间的夹角为 $\theta_2 = (180° - \theta_1)/2 = (180° - 53.483°)/2 = 63.2585° = 1.10407$rad，或 $\theta_2 = \arccos(2100/4667) = 63.2584° = 1.10407$rad。

（2）杆件截面选择

①下弦杆：按最大轴心拉力 $N_1 = 987.8$kN 确定截面。经过试算，四根下弦杆均采用

$\phi 168 \times 7$ 的圆钢管，$A = 3541 \text{mm}^2$，$i = 56.98 \text{mm}$。验算刚度、强度：

$$\lambda = l_0 / i = 3780 / 56.98 = 66.34 < [\lambda] = 300$$

$$\sigma = N_1 / A_n = 987800 / 3541 = 278.96 \text{N/mm}^2 < f = 310 \text{N/mm}^2$$

②斜腹杆：按最大轴心拉力 $N_2 = 574.9 \text{kN}$，最大轴心压力 $N_3 = -354.2 \text{kN}$ 确定截面。经过试算，四根斜腹杆均采用 $\phi 121 \times 6$ 的圆钢管，$A = 2168 \text{mm}^2$，$i = 40.71 \text{mm}$。验算刚度、强度、稳定：

$$\lambda = l_0 / i = 3773.6 / 40.71 = 91.71 < [\lambda] = 180$$

$$\sigma = N_2 / A_n = 574900 / 2168 = 265.18 \text{N/mm}^2 < f = 310 \text{N/mm}^2$$

由 $\lambda \sqrt{f_y / 235} = 91.71 \sqrt{345 / 235} = 111.12$ 查表（a 类截面）得 $\varphi = 0.5542$，

$N_3 / (\varphi A) = 354200 / (0.5542 \times 2168) = 294.80 \text{N/mm}^2 < f = 310 \text{N/mm}^2$

（3）确定空心球外径

按式(2-68)，即 $D = (d_1 + 2a + d_2) / \theta$ 计算，取 $a = 15 \text{mm}$。需考虑以下三种情况：

①弦杆与腹杆之间

$d_1 = 168 \text{mm}$，$d_2 = 121 \text{mm}$，$\theta = \theta_2 = 1.10407 \text{rad}$，$D = (168 + 2 \times 15 + 121) / 1.10407 = 289 \text{mm}$。

②腹杆与腹杆之间

$d_1 = d_2 = 121 \text{mm}$，$\theta = \theta_1 = 0.93345 \text{rad}$，$D = (121 + 2 \times 15 + 121) / 0.93345 = 291 \text{mm}$。

③两根相互垂直的弦杆之间

$d_1 = d_2 = 168 \text{mm}$，$\theta = 90° = \pi / 2 \text{ rad} = 1.57080 \text{rad}$，$D = (168 + 2 \times 15 + 168) / 1.57080 = 233 \text{mm}$。

比较以上①、②、③计算结果，并考虑焊接空心球规格，最后选择空心球外径 $D = 300 \text{mm}$。通过承载力试算，取空心球壁厚 $t = 1.714 t_{max}^p = 1.714 \times 7 = 12 \text{mm}$，球内不设加劲肋。$D / t = 300 / 12 = 25$，适当。

（4）验算焊接空心球承载力

①受拉空心球承载力

按式(2-70)，即 $N_{tmax} \leqslant N_t = 0.55 \eta_t t d \pi f$ 验算。$\eta_t = 1.0$，$t = 12 \text{mm}$，$f = 310 \text{N/mm}^2$。

a. 弦杆：$N_{tmax} = N_1 = 987.8 \text{kN}$，$d = 168 \text{mm}$

$N_{tmax} = 987.8 \text{kN} < N_t = 0.55 \eta_t t d \pi f$

$\qquad = 0.55 \times 1.0 \times 12 \times 168 \times \pi \times 310 \times 10^{-3} = 1079.9 \text{kN}$

b. 斜腹杆：$N_{tmax} = N_2 = 574.9 \text{kN}$，$d = 121 \text{mm}$

$N_{tmax} = 574.9 \text{kN} < N_t = 0.55 \eta_t t d \pi f$

$\qquad = 0.55 \times 1.0 \times 12 \times 121 \times \pi \times 310 \times 10^{-3} = 777.8 \text{kN}$

②受压空心球承载力

按公式(2-69)，即 $N_{cmax} \leqslant N_c = \eta_c (400 t d - 13.3 t^2 d^2 / D)$ 验算。$\eta_c = 1.0$，$t = 12 \text{mm}$，D

= 300mm。

由 $N_{cmax} = N_3 = 354.2kN$，$d = 121mm$ 得：

$$N_{cmax} = 354.2kN < N_c = \eta_c(400td - 13.3t^2d^2/D)$$

$$= 1.0(400 \times 12 \times 121 - 13.3 \times 12^2 \times 121^2/300) \times 10^{-3} = 487.3kN$$

2.9.4 钢板节点

1. 钢板节点的组成及特点

当网架杆件采用角钢或薄壁型钢时，应采用钢板节点。焊接钢板节点的形式主要有两种。

十字型板节点（图2-53）。它是由空间正交的十字形节点板和根据需要而在节点板顶部或底部设置的水平盖板组成。十字形节点板宜用二块带企口的钢板对插焊接而成（图2-53a），也可以用一块贯通钢板加两块肋板焊接而成（图2-53b）。这种节点主要适用于角钢杆件的两向正交交叉网架。在小跨度网架中，杆件内力不大的受拉节点，可不设置盖板。

管筒米字型板节点（图2-54）。它由一根短圆钢管和八块钢板及上、下盖板焊接而成。它适用于中小跨度用角钢作杆件的四角锥网架。由于这种节点在中部设置了一根短钢管，改善了节点的焊接条件，因而可保证节点板与钢管之间的焊缝质量。

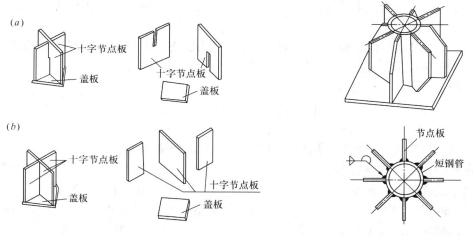

图 2-53　焊接十字型钢板节点　　　　　图 2-54　管筒米字型板节点

焊接钢板节点的主要特点是，刚度较大，造价较低，构造尚简单，制作时不需大量机械加工。但现场焊接工作量较大，且仰焊、立焊比例也较大。当网架杆件为钢管时，采用钢板节点就很不合理，节点构造过于复杂。

2. 钢板节点的构造及设计要点

钢板节点中的节点板及盖板所用钢材应与网架杆件钢材一致。钢板节点的构造及设计要点如下：

（1）杆件重心线在节点处宜交于一点，否则应考虑其偏心影响。

（2）杆件与节点连接焊缝的分布，应使焊缝截面的重心与杆件重心重合，否则应考虑其偏心影响。

（3）应便于制作和拼装。网架弦杆应与盖板和节点板共同连接，当网架跨度较小时，弦杆也可只与节点板连接。

（4）节点板厚度的选择与平面桁架的方法相同，应根据网架最大杆件内力确定。节点板厚度应比连接杆件的厚度大2mm，且不得小于6mm。节点板的平面尺寸应适当考虑制作和装配的误差。

（5）当网架杆件与节点板间采用高强度螺栓或角焊缝连接时，连接计算应根据连接杆件内力确定，且宜减少节点类型。当角焊缝强度不足时，在施工质量确有保证的情况下，可采用槽焊与角焊缝相结合并以角焊缝为主的连接方案（图2-55），槽焊强度应由试验确定。

（6）焊接钢板节点上，为确保施焊方便，弦杆与腹杆，腹杆与腹杆之间以及弦杆端部与节点中心线之间的间隙 a 均不宜小于20mm（图2-56）。

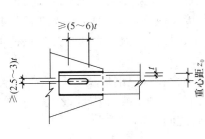

图 2-55　角焊缝与槽焊缝

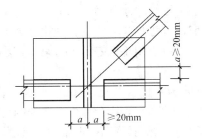

图 2-56　十字节点板与杆件的连接构造

（7）十字型节点板的竖向焊缝为双向的复杂受力状态，为确保焊缝有足够的承载力，宜采用 V 型或 K 型坡口的对接焊缝。

2.10　网架的支座节点

空间网架的支座，一般都采用铰支座，支承在柱、圈梁或砖墙上。为了能安全准确地传递支承反力，支座节点应力求构造简单，传力明确，安全可靠，且尽量符合计算假定，以避免网架的实际内力和变形与计算值存在较大的差异而危及结构的安全。

设计空间网架的支座节点时，应根据网架的类型，跨度的大小，作用荷载情况，网架杆件截面形状以及加工制造方法和施工安装方法等，选用适当型式的支座节点。

根据受力状态，网架的支座节点一般分为压力支座节点和拉力支座节点两大类。

2.10.1　压力支座节点

1. 平板压力支座节点(图 2-57)

平板压力支座节点与平面桁架的支座节点相似。节点构造简单，加工方便。由十字型节点板及一块底板组成，用钢量省。但底板下摩擦力大，支座不能转动，移动，且底板下压应力分布不均匀，与计算中铰接的假定相差较大，故只适用较小跨度（$L_2 \leqslant 40m$）的网架。底板上的锚栓孔可做成椭圆孔，以利于安装；宜采用双螺母，并在安装调整完毕后与螺杆焊死。锚栓直径一般取 M16 ~ M24，按构造要求设置。锚栓在混凝土中的锚固长度一般不宜小于 $25d$（不含弯钩）。网架结构的平板压力支座中的底板、节点板、加劲肋及焊缝的计算、构造要求均与平面钢桁架支座节点的有关要求相似，此处不再多述。

2. 单面弧形压力支座节点（图 2-58）

这种节点是由平板压力支座改进而来。在网架支座上部支承板下设置采用铸钢或厚钢板加工成圆弧曲面形的支座板。从而使支座可产生微量转动和微量移动（线位移），且支座底板下的压力分布也较均匀，改善了较大跨度网架由于挠度和温度应力影响的支座受力性能。为保证支座的转动，通常采用 2 个锚栓，将它们设置在弧形支座中心线位置

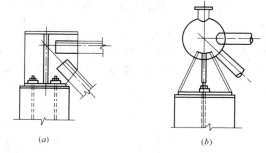

图 2-57　平板压力或拉力支座

（a）角钢杆件；（b）钢管杆件

上（图 2-58a）；当支座反力较大而需设 4 个锚栓时，为了使锚栓锚固后不影响支座的转动，可在锚栓上部加放弹簧（图 2-58b）。为保证支座能有微量移动（线位移），网架支座上部支承板的锚栓孔应做成椭圆孔或大圆孔。

单面弧形支座节点与计算简图比较接近，适用于周边支承的中、小跨度网架。

底部支承弧形板的构造与计算要求如下（图 2-59）：

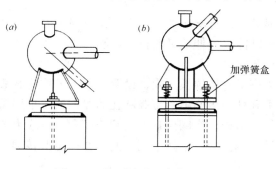

图 2-58　单面弧形压力支座

（a）二个锚栓连接；（b）四个锚栓连接

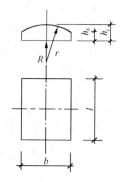

图 2-59　底部支承弧形板

（1）弧形板中央截面（支承中心处）高度 h_c，可近似按下式计算：

$$h_c \geqslant \sqrt{\frac{3Rb}{4lf}}，且不宜小于 50\text{mm} \tag{2-72}$$

式中　R——支座垂直反力设计值；

b——弧形板横截面（垂直于圆弧面）的底部宽度；

l——弧形表面与支座上部支承板的接触长度；

f——弧形板所用钢材的抗弯强度设计值。

（2）弧形板圆弧面半径 r，可按下式计算：

$$r \geqslant \frac{0.18RE_s}{l(f_p)^2}，且不宜小于 2b \tag{2-73}$$

式中　E_s——钢材的弹性模量；

f_p——弧形板与支座上部支承板自由接触的承压强度设计值，按下式计算：

$$f_p = 2.62f_y \tag{2-74}$$

f_y——钢材的屈服强度，当弧形板和支座上部支承板采用不同钢种时，f_y 取较小值。

（3）弧形板的边端高度 h_b、弧形板的底部宽度 b、弧形板的圆弧面半径 r 和弧形板与支座上部支承板的 l，应同时满足以下公式的要求：

$$h_b = 30 \sim 40 \text{mm} \tag{2-75}$$

$$r \geqslant 2b \tag{2-76}$$

$$\sigma_c = \frac{R}{bl} \leqslant \beta f_{cc} \tag{2-77}$$

式中　f_{cc}——支座底板下的混凝土轴心抗压强度设计值；

　　　β——混凝土局部承压强度的提高系数，按下式计算：

$$\beta = \sqrt{\frac{A_b}{A_c}} \tag{2-78}$$

A_b——局部承压时的计算底面积；

A_c——局部承压面积。

3．双面弧形压力支座节点（图 2-60）

当网架的跨度较大，温度应力影响显著，而且支座处的约束又比较强，以上两种支座节点往往不能满足要求。这时应选择一种既能自由伸缩又能自由转动的支座节点。双面弧形压力支座（图 2-60）基本上能满足这种要求。

这种支座又称为摇摆支座，它是在支座板与柱顶板之间，设置一个上下均为圆弧曲面的铸钢件，在铸钢件两侧，都有从支座板和柱顶板伸出的带椭圆孔的厚钢板，采用粗螺栓（直径不宜小于 30mm）将三者联结为整体。这样，当网架端部受到挠度和温度应力的影响时，以及在水平荷载作用下，支座便可沿铸钢件的上下两个圆弧曲面作一定的转动和移动（线位移）。

双面弧形压力支座节点比较符合不动圆柱铰支承的假定，适用于跨度大、支承网架的柱子或墙体的刚度较大，周边支承约束较强，温度应力影响也较显著的大型网架。但这种支座节点构造较复杂，加工麻烦，造价较高。

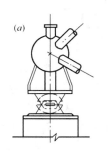 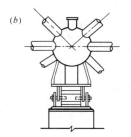

图 2-60　双面弧形压力支座

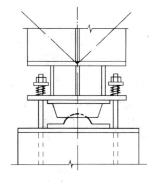

图 2-61　球铰压力支座

4．球铰压力支座节点（图 2-61）

对于跨度大或带悬伸的四点支承或多点支承的网架，为适应支座能在两个方向作微量转动而不产生线位移和弯矩，采用球铰压力支座节点（图 2-61）。这种支座节点的构造特点是，以一个凸出的实心半球，嵌合在一个凹进的半球内。在任何方向都能自由转动，而不产生弯矩，并在 x、y、z 三个方向都不会产生线位移。比较符合不动球铰支承的计算图示。为防止因地震作用或其它水平力的影响使凹球与凸球脱离，支座四周应以锚栓固定，并应在螺母下放置压力弹簧，以保证支座的自由转动而不受锚栓的约束影响。在构造上凸面球的曲率半径应较凹面球的曲率半径小些，以便接触面呈点接触，利于支座的自由转动。这种节点适用于四点支承或多点支承的大跨度网架。

2.10.2 拉力支座节点

有些周边支承的网架，如斜放四角锥网架，两向正交斜放网架，在角隅处的支座上往往产生垂直拉力，因此，应根据支座节点承受拉力的特点设计成拉力支座。

1. 平板拉力支座节点

对跨度较小的网架，当支座的垂直拉力较小时，拉力支座可采用平板拉力支座节点，其构造连接形式与平板压力支座相同（图 2-57）。支座处的垂直拉力，由锚栓承受，锚栓的直径，应按计算确定，一般锚栓直径不宜小于 20mm。锚栓的位置应尽可能靠近节点的中心线。这种支座节点适用较小跨度的网架。

2. 单面弧形拉力支座节点（图 2-62）

网架跨度较大，支座的垂直拉力较大时，应采用单面弧形拉力支座（图 2-62）。支座下部设置了弧形板，有利于支座作微量转动。为更好地传递支座处的拉力，应在节点板处设置锚栓支承托座，以增强支座节点的刚度。为了转动方便，最好将两个螺栓布置在节点中心线上。如果拉力较大需要 4 个螺栓时，也要尽量靠近中心位置。同时不要将螺母拧得太紧，使网架产生位移或转角时，支座板可以较自由地沿弧面移动或转动。这种支座节点适用于中小跨度的网架。

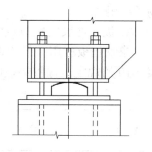

图 2-62　单面弧形拉力支座

2.10.3 板式橡胶支座节点

板式橡胶支座的橡胶垫块由多层橡胶与薄钢板制成（图 2-63）。这种支座不仅可以沿切向及法向位移，还可绕两向转动，其构造简单、造价较低、安装方便，适用于大、中跨度的网架。

1. 板式橡胶支座节点的构造

（1）橡胶垫板的材料与温度有关。对气温不低于 −25℃ 的地区，可采用氯丁橡胶垫板；对气温不低于 −30℃ 的地区，可采用耐寒氯丁橡胶垫板；对气温不低于 −40℃ 的地区，可采用天然橡胶支座。

（2）橡胶垫板中间的加劲薄钢板，应采用 Q235 钢或 Q345 钢，Q390 钢。其力学性能、化学成份、屈服点、抗拉强度及厚度的偏差均应符合有关国家标准的规定。薄钢

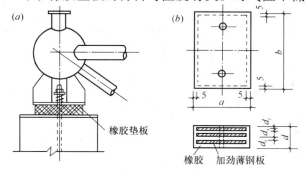

图 2-63　板式橡胶支座

板的厚度宜采用 2～3mm，平面尺寸应比橡胶片每边小 5mm。浇塑橡胶前，必须对钢板除锈，去油污，清擦干净，并应将周边仔细加工，以防粘结不良和避免产生应力集中。

(3) 橡胶垫板的平面尺寸应按强度条件计算确定，其短边与长边尺寸之比宜取为 a/b ＝1:1～1:1.5。为便于支座的转动，短边应平行于网架跨度方向，长边应顺网架支座切线方向平行放置。

(4) 橡胶垫板与支柱或基座的钢板或混凝土之间可用 502 胶等胶结剂粘结固定，必要时还可增设销钉等限位装置。为防止老化，可在橡胶垫板四周涂以酚醛树脂，并粘结泡沫塑料等。另外，设计时宜考虑长期使用后因橡胶老化而需要更换的条件。

(5) 当网架支座锚栓通过橡胶垫板时，橡胶垫板上的锚栓孔径应比锚栓直径大 10～20mm，以免影响橡胶垫板的剪切变形和压缩变形。

(6) 橡胶垫板的总厚度 d 应根据网架跨度方向的伸缩量和网架支座转角的要求来确定，一般可取短边长度 a 的 1/10～3/10，且不宜小于 40mm。

(7) 橡胶垫板中橡胶片的厚度，上下表层 d_t 宜取 2.5mm，中间各层 d_i 可取为垫板短边尺寸 a 的 1/25～1/30，常用厚度宜采用 5mm、8mm 或 11mm。

(8) 橡胶垫板在安装、使用过程中，要避免与油脂等油类物质以及其它对橡胶有害的物质接触。

2. 板式橡胶支座节点的计算

橡胶垫板所用胶料的物理机械性能应符合表 2-9 的规定。橡胶垫板的力学性能应符合表 2-10 的规定。橡胶垫板的抗压弹性模量与形状系数 β 的关系见表 2-11。

胶料的物理机械性能　　　　　　　　　　表 2-9

胶料类型	硬度邵氏（度）	扯断力（MPa）	伸长率（%）	300%定伸强度（MPa）	扯断永久变形（%）	适用温度不低于
氯丁橡胶	60±5	≥18.63	≥450	≥7.84	≤25	-25℃
天然橡胶	60±5	≥18.63	≥500	≥8.82	≤20	-40℃

橡胶垫板的力学性能　　　　　　　　　　表 2-10

允许抗压强度 $[\sigma]$（MPa）	极限破坏强度（MPa）	抗压弹性模量 E（MPa）	抗剪弹性模量 G（MPa）	摩擦系数 μ	
				与钢板	与混凝土
7.84～9.80	＞58.82	由形状系数 β 按表 2-8 采用	0.98～1.47	0.2	0.3

"E-β" 关系　　　　　　　　　　表 2-11

β	4	5	6	7	8	9	10	11	12
E（MPa）	196	265	333	412	490	579	657	745	843
β	13	14	15	16	17	18	19	20	
E（MPa）	932	1040	1157	1285	1422	1559	1706	1863	
附 注	支座形状系数：$\beta=ab/[2(a+b)d_i]$ a、b——支座短边及长边长度，mm； d_i——中间橡胶层厚度，mm。								

橡胶垫板的设计计算内容有以下几项：

（1）确定橡胶垫板的平面尺寸：橡胶垫板的底面积根据承压条件按下式计算：

$$A \geqslant \frac{R_{max}}{[\sigma]} \tag{2-79}$$

式中　A——橡胶支座承压面积，$A = a \cdot b$；

　　a、b——橡胶垫板短边长度及长边长度；

　　R_{max}——网架全部荷载标准值在支座引起的最大反力；

　　$[\sigma]$——橡胶垫板的允许抗压强度，按表 2-10 采用。

（2）确定橡胶垫板厚度

橡胶垫板厚度 d 应根据橡胶层总厚度 d_0 与中间各层钢板厚度确定。其中橡胶层总厚度 d_0 为：

$$d_0 = 2d_t + nd_i \tag{2-80}$$

式中　d_0——橡胶层总厚度；

　　d_t、d_i——分别为上（下）表层及中间各层橡胶片厚度；

　　n——中间橡胶片的层数。

网架的水平位移是通过橡胶层的剪切变位来实现的，设网架支座最大水平位移值为 u（图 2-64a），则不应超过橡胶层的容许剪切变位 $[u]$，即：

$$u \leqslant [u] \tag{2-81}$$

式中 $[u] = d \times [tg\alpha]$，其中 $[tg\alpha]$ 为板式橡胶支座容许剪切角正切值，一般取值为 0.7，橡胶层总厚度太大，易引起失稳，因此规定胶层总厚度应不大于支座法向边长 a 的 0.2 倍。所以橡胶层的总厚度可根据其剪切变位条件及胶层总厚度控制条件来确定：

$$1.43u \leqslant d_0 \leqslant 0.2a \tag{2-82}$$

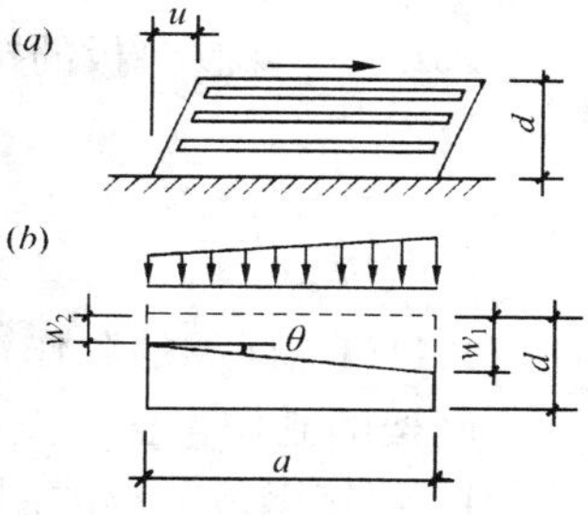

图 2-64　橡胶垫板的变形

式中　u——由于温度变化等原因在网架支座处引起的最大水平位移值。

橡胶层总厚度 d_0 确定后，加上各胶片之间钢板厚度之和，即可得橡胶垫板总厚度 d。

（3）验算橡胶垫板的压缩变形

因橡胶垫板的弹性模量较低，因此应控制其变形值不宜过大。支座节点的转动是通过橡胶垫板产生的不均匀压缩变形来实现的。设内外侧变形为 w_1、w_2（图 2-64b），则其平均变形为：

$$w_m = \frac{1}{2}(w_1 + w_2) = \frac{\sigma_m d_0}{E} \tag{2-83}$$

式中　σ_m——平均压应力，$\sigma_m = R_{max}/A$；

　　E——橡胶垫板的抗压弹性模量，可由表 2-11 确定。

支座转角为：

$$\theta = \frac{1}{a}(w_1 - w_2) \tag{2-84}$$

由式（2-83）、（2-84）可得：

$$w_2 = w_{\mathrm{m}} - \frac{1}{2}\theta a \qquad (2\text{-}85)$$

当 $w_2 < 0$ 时，表明支座后端局部脱空而前端局部承压，这是不允许的，为此必须使 $w_2 \geqslant 0$，即：

$$w_{\mathrm{m}} \geqslant \frac{1}{2}\theta a$$

同时，为避免橡胶支座产生过大的竖向压缩变形，应使 $w_{\mathrm{m}} \leqslant 0.05 d_0$。故橡胶垫板的平均压缩变形应满足以下条件：

$$0.05 d_0 \geqslant w_{\mathrm{m}} \geqslant \frac{1}{2}\theta a \qquad (2\text{-}86)$$

式中　θ——结构在支座处的最大转角（rad）。

（4）橡胶垫板的抗滑移验算

橡胶垫板因水平变形 u 产生的水平力将依靠接触面上的摩擦力平衡。为保证橡胶支座在水平力作用下不产生滑移，应按下式进行抗滑移验算：

$$\mu R_{\mathrm{g}} \geqslant GA\frac{u}{d_0} \qquad (2\text{-}87)$$

式中　μ——橡胶垫板与混凝土或钢板间的摩擦系数，按表 2-10 采用；

　　　R_{g}——乘以荷载分项系数 0.9 的永久荷载标准值引起的支座反力；

　　　G——橡胶垫板的抗剪弹性模量，按表 2-10 采用。

2.11　网架的制作和安装

2.11.1　网架的制作

网架的制作包括节点制作和杆件制作，均在工厂进行。

1. 焊接钢板节点的制作

制作时，首先根据图纸要求在硬纸板或镀锌薄钢板上足尺放样，制成样板，样板上应标出杆件、螺孔等中心线。节点钢板即可按此样板下料，宜采用剪板机或砂轮切割机下料。

节点板按图纸要求角度先点焊定位，然后以角尺或样板为标准，用锤轻击逐渐矫正，最后进行全面焊接。焊接时，应采取措施，减少焊接变形和焊接应力，如选用适当的焊接顺序（图 2-65）、采用小电流和分层焊接等，为使焊缝左右均匀，宜采用图 2-66 所示的船形位置施焊。

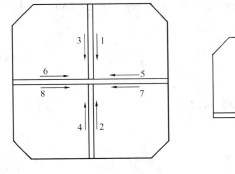

图 2-65　焊接顺序图

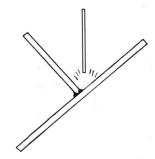

图 2-66　船形位置施焊

2．焊接空心球节点的制作

焊接空心球节点是由两个热轧半球经加工后焊接而成，制作过程如图 2-67 所示。对加肋空心球，应在两半球对焊前先将肋板放入一个半球内并焊好。半球钢板下料直径约为 $\sqrt{2}D$（D 为球的外径），加热温度一般控制在 850～900℃，剖口宜用机床。

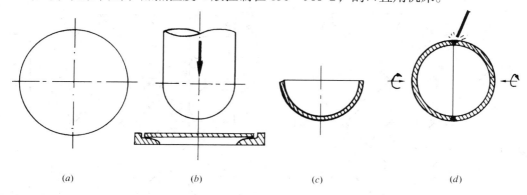

图 2-67　焊接空心球节点制作过程
（a）下料、加热；（b）冲压；（c）切边、剖口；（d）对装、焊接

3．螺栓球节点的制作

制作时，首先将坯料加热后模锻成球坯，然后正火处理，最后进行精加工。加工前应先加工一个高精度的分度夹具，球在车床上加工时，先加工平面螺孔，再用分度夹具加工斜孔。

4．杆件制作

钢管应用机床下料，角钢宜用剪床、砂轮切割机或气割下料。下料长度应考虑焊接收缩量，焊接收缩量与许多因素有关，如焊缝厚度，焊接时电流强度、气温、焊接方法等。可根据经验结合网架结构的具体情况确定，当缺乏经验时应通过试验确定。

螺栓球节点网架的杆件还包括封板、锥头、套筒和高强螺栓。封板经钢板下料、锥头经钢材下料和胎模锻造毛坯后进行正火处理和机械加工，再与钢管焊接，焊接时应将高强螺栓放在钢管内；套筒制作需经钢材下料、胎模锻造毛坯、正火处理、机械加工和防腐处理；高强螺栓由螺栓制造厂供应。

网架的所有部件都必须进行加工质量和几何尺寸检查，检验按《网架结构工程质量检验评定标准》（JGJ 78—91）进行。

2.11.2　网架的拼装

网架的拼装应根据施工安装方法不同，采用分条拼装、分块拼装或整体拼装。拼装应在平整的刚性平台上进行。

对于焊接空心球节点的网架，为尽量减少现场焊接工作量，多数采用先在工厂或预制拼装场内进行小拼。划分小拼单元时，应尽量使小拼单元本身为一几何不变体，一般可根据网架结构的类型及施工方案等条件划分为平面桁架型和锥体型两种，凡平面桁架系网架适于划分成平面桁架型小拼单元，如图 2-68；锥体系网架适于划分成锥体型小拼单元，如图 2-69。小拼应在专门的拼装模架上进行，以保证小拼单元形状尺寸的准确性。

现场拼装应正确选择拼装次序，以减少焊接变形和焊接应力，根据国内多数工程经验，拼装焊接顺序应从中间向两边或四周发展，最好是由中间向两边发展（图 2-70a、b），因为网架在向前拼接时，两端及前边均可自由收缩；而且，在焊完一条节间后，可检查一次尺寸和几何形状，以便由焊工在下一条定位焊时给予调整。网架拼装中应避免形成封闭圈。在封闭圈中施焊（图 2-70c），焊接应力将很大。

图 2-68　两向正交斜放网架
小拼单元划分
- - - 现场拼焊杆件

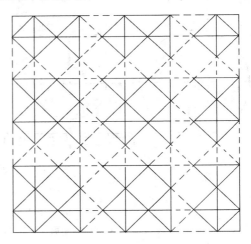

图 2-69　斜放四角锥网架小拼单元划分
- - - 现场拼焊杆件

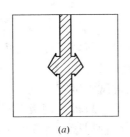

(a)

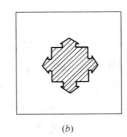

(b)

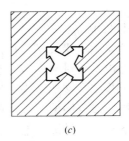

(c)

图 2-70　网架总拼顺序
（a）从中间向两边拼接；（b）从中间向四周拼接；（c）从四周向中间拼接（形成封闭圈）

网架拼装时，一般先焊下弦，使下弦因收缩而向上拱起，然后焊腹杆及上弦杆。如果先焊上弦，由于上弦的收缩而使网架下挠，再焊下弦时由于重力的作用下弦收缩时就难以再上拱而消除上弦的下挠。

螺栓球节点的网架拼装时，一般也是下弦先拼，将下弦的标高和轴线校正后，全部拧紧螺栓，起定位作用。开始连接腹杆时，螺栓不宜拧紧，但必须使其与下弦节点连接的螺栓吃上劲，以避免周围螺栓都拧紧后，这个螺栓因可能偏歪而无法拧紧。连接上弦时，开始不能拧紧，待安装几行后再拧紧前面的螺栓，如此循环进行。在整个网架拼装完成后，必须进行一次全面检查，看螺栓是否拧紧。

2.11.3　网架的安装

网架的安装是指拼装好的网架用各种施工方法将网架搁置在设计位置上。主要安装方法有：高空散装法、分条或分块安装法、高空滑移法、移动支架安装法、整体吊装法、整体提升法及整体顶升法。网架的安装方法，应根据网架受力和构造特点，在满足质量、安全、进度和经济效果的要求下，结合施工技术条件综合确定。

1. 高空散装法

高空散装法是小拼单元或散件（单根杆件及单个节点）直接在设计位置进行总拼的方法。这种施工方法不需大型起重设备，在高空一次拼装完毕，但现场及高空作业量大，且需搭设大规模的拼装支架，耗用大量材料。适用于螺栓连接节点的各类网架。我国应用较多。

高空散装法有全支架（即满堂脚手架）法和悬挑法两种，全支架法多用于散件拼装，而悬挑法则多用于小拼单元在高空总拼，可以少搭支架。

搭设的支架应满足强度、刚度和单肢及整体稳定性要求，对重要的或大型工程还应进行试压，以确保安全可靠。支架上支撑点的位置应设在下弦节点处，支架支座下应采取措施，防止支座下沉，可采用木楔或千斤顶进行调整。

拼装可从脊线开始，或从中间向两边发展，以减少积累误差和便于控制标高。拼装过程中应随时检查基准轴线位置、标高及垂直偏差，并应及时纠正。

支架的拆除应在网架拼装完成后进行，拆除顺序宜根据各支撑点的网架自重挠度值，采用分区分阶段按比例或用每步不大于 10mm 的等步下降法降落，以防止个别支撑点集中受力，造成拆除困难。对小型网架，可采用一次同时拆除，但必须速度一致。

2. 分条或分块安装法

分条或分块安装法是指将网架分成条状或块状单元，分别由起重设备吊装至高空设计位置，然后再拼装成整体的安装方法。这种施工方法大部分的焊接、拼装工作在地面进行，能保证工程质量，并可省去大部分拼装支架，又能充分利用现有起重设备，较经济。适用于分割后刚度和受力状况改变较小的网架，如两向正交、正放四角锥、正放抽空四角锥等网架。北京首都机场航空货运楼正放抽空四角锥螺栓球节点网架采用分条安装；天津汽车齿轮厂联合厂房正放四角锥螺栓球节点网架采用分块安装。

所谓分条是指将网架沿长跨方向分割为若干个区段，每个区段的宽度为一个至三个网格，其长度则为短跨的跨度。所谓分块是指将网架沿纵横方向分割成矩形或正方形单元。分条或分块的划分应根据网架结构的特点，以每个单元的重量与现有起重设备相适应而定。图 2-71 为网架条状或块状单元的几种划分方法，图 2-71（a）网架单元相互靠紧，单元间下弦节点用剖分式安装节点连接，可适用于正放四角锥等网架，图 2-71（b）网架单元相互靠紧，单元间上弦节点用剖分式安装节点连接，可适用于斜放四角锥等网架，图 2-71（c）单元间空一个网格，可适用于两向正交正放等网架，图 2-72 为斜放四角锥网架块状单元划分示例。

分割后的条状或块状单元应具有足够的刚度并保证自身的几何不变性，否则应采取临时加固措施。图 2-72 显示了块状单元沿周边临时加固。

条状单元在吊装就位过程中的受力状态与网架实际情况不同，其在总拼前的挠度值可能比设计值大，故须在适当部位设置支撑，在支撑下端或上端设千斤顶，调整标高时将千斤顶顶高即可。图 2-73 为某工程分四个条状单元，在各单元中部设一个支顶点，每点用一根钢管和一个千斤顶。

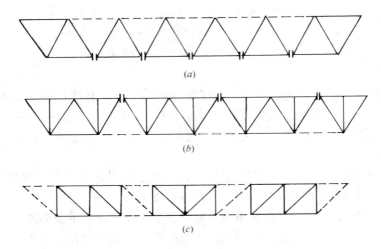

(a)

(b)

(c)

图 2-71　网架条状或块状单元的划分方法
- - - 高空拼接杆件；‖ 剖分式安装节点

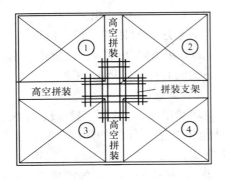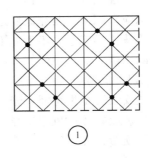

图 2-72　斜放四角锥网架块状单元划分示例
- - - 临时加固杆件 ● 吊点 ① ~ ④ 块状单元

3. 高空滑移法

高空滑移法是指分条的网架单元在事先设置的滑轨上滑移到设计位置拼接成整体的安装方法。此条状单元可以在地面拼成后用起重机吊至支架上，如设备能力不足或其他因素，也可用小拼单元甚至散件在高空拼装平台上拼成条状单元。高空拼装平台一般设置在建筑物的一端、宽度约大于两个节间，如建筑物端部有平台利用可作为拼装平台，滑移时网架的条状单元由一端滑向另一端。这种施工方法网架的安装可与下部其它施工平行立体作业，缩短施工工期，对起重设备、牵引设备要求不高，可用小型起重机或卷扬机，甚至不用，成本低。适用于正放四角锥、正放抽空四角锥、两向正交正放等网架。尤其适用于采用上述网架而场地狭小、跨越其它结构或设备等、或需要进行立体

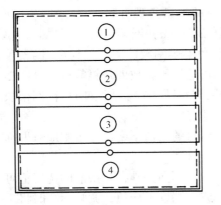

图 2-73　条状单元安装后支顶点位置
○一支顶点；① ~ ④一单元编号

交叉施工的情况。

高空滑移法按滑移方式可分为下面两种：

（1）单条滑移法（图2-74a）。将条状单元一条一条地分别从一端滑移到另一端就位安装，各条之间分别在高空进行连接，即逐条滑移，逐条连成整体。此法摩阻力小，如再加上滚轮，小跨度时用人力撬即可撬动前进。杭州剧院正放四角锥钢板节点网架采用此安装方法。

（2）逐条积累滑移法（图2-74b）。先将条状单元滑移一段距离后（能拼装上第二单元的宽度即可），连接好第二条单元后，两条一起再滑移一段距离（宽度同上），再连接第三条，三条又一起滑移一段距离，如此循环操作直至接上最后一条单元为止。此法牵引力逐渐加大，即使为滑动摩擦方式，也只需小型卷扬机即可。镇江体育馆斜放四角锥网架采用此安装方法。

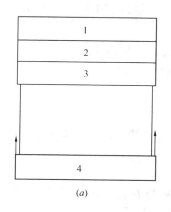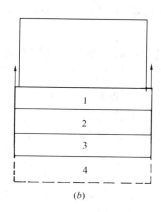

图 2-74　高空滑移法分类
（a）单条滑移法；（b）逐条积累滑移法

按摩擦方式可分为滚动式及滑动式两类。滚动式滑移即网架装上滚轮，网架滑移时是通过滚轮与滑轨的滚动摩擦方式进行的。滑动式滑移即网架支座直接搁置在滑轨上，网架滑移时是通过支座底板与滑轨的滑动摩擦方式进行的。

按滑移坡度可分为水平滑移、下坡滑移及上坡滑移三类。如建筑平面为矩形，可采用水平滑移或下坡滑移；当建筑平面为梯形时，短边高、长边低、上弦节点支承式网架，则应采用上坡滑移；当短边低、长边高或下弦节点支承式网架，则可采用下坡滑移。

按滑移时力作用方式可分为牵引法及顶推法两类。牵引法即将钢丝绳钩扎于网架前方，用卷扬机或手扳葫芦拉动钢丝绳，牵引网架前进，作用点受拉力。顶推法即用千斤顶顶推网架后方，使网架前进，作用点受压力。

高空滑移法应考虑下列几个问题：

（1）当单条滑移时，一定要控制跨中挠度不要超过整体安装完毕后设计挠度，否则应采取措施，或加大网架高度或在跨中增设滑轨，滑轨下的支承架应满足强度、刚度和单肢及整体稳定性要求，必要时还应进行试压，以确保安全可靠。当由于跨中增设滑轨引起网架杆件内力变号时，应采取临时加固措施，以防失稳。

（2）滑轨可固定于梁顶面的预埋件上，轨面标高应高于或等于网架支座设计标高，滑轨接头处应垫实。

（3）网架滑移可用卷扬机或手扳葫芦及钢索液压千斤顶，根据牵引力大小及网架支座之间的系杆承载力，可采用一点或多点牵引。牵引力按下式进行验算

$$滑动摩擦时 \qquad F_t \geqslant \mu_1 \zeta G_{0k} \qquad\qquad (2\text{-}88)$$

$$滚动摩擦时 \qquad F_t \geqslant \left(\frac{k}{r_1} + \mu_2 \frac{r}{r_1} \right) G_{0k} \qquad\qquad (2\text{-}89)$$

式中　　F_t——总起动牵引力；

$\qquad G_{0k}$——网架总自重标准值；

$\qquad \mu_1$——滑动摩擦系数，在自然轧制表面，经粗除锈充分润滑的钢与钢之间可取 0.12 ~ 0.15；

$\qquad \mu_2$——摩擦系数，在滚轮与滚轮轴之间，或经机械加工后充分润滑的钢与钢之间可取 0.1；

$\qquad \zeta$——阻力系数，当有其他因素影响牵引力时，可取 1.3 ~ 1.5；

$\qquad k$——钢制轮与钢之间滚动摩擦系数，可取 0.5mm；

$\qquad r_1$——滚轮的外圆半径（mm）。

$\qquad r$——轴的半径（mm）。

（4）网架滑移应尽量同步进行，两端不同步值不应大于 50mm。牵引速度控制在 1.0m/min 左右较好。

4. 移动支架安装法

移动支架安装法是网架在可移动的脚手架上进行安装。在网架最先安装的部位搭设一段可移动的脚手架，安装完网架第一单元后，移动脚手架，安装网架第二单元，以此类推，直至网架安装完毕。脚手架用量少，不需要大型起重设备，施工费用低，占用施工作业面较少，但移动支架的稳定性比固定支架差，适用于支承点平行的网架，现在应用较多，广州新白云国际机场货运站正放四角锥螺栓球节点网架、南京龙江体育馆网球中心正放四角锥螺栓球节点网架采用此法安装。

移动脚手架的轨道应足够平整，支架移动后，安装好的部分应设置一些临时支撑以分散内力和控制变形。

5. 整体吊装法

网架整体吊装法是指网架在地面总拼后，采用单根或多根拔杆、一台或多台起重机进行吊装就位的安装方法。这种施工方法易于保证焊接质量和几何尺寸的准确性，但需要较大的起重设备能力，适用于各种类型的网架。如上海体育馆三向焊接空心球节点网架采用九根拔杆起吊，而长沙火车站中央大厅两向正交斜放网架则采用一根 54m 高脚拔杆起吊。

（1）网架拼装

网架在地面总拼时可以就地与柱错位或在场外进行。当就地与柱错位总拼时，网架起升后在空中需要平移和转动后再下降就位。由于柱是穿在网架的网格中的，因此凡与柱相连接的梁均应断开，待网架吊装完毕后才能进行梁的吊装。拼装时，网架的任何部位与支承柱或拔杆的净距不应小于 100mm，并应防止网架在起吊过程中被凸出物（如牛腿等）卡住，当个别杆件因错位需要暂不组装时应取得设计单位同意。

（2）网架空中移位

采用多根拔杆吊装网架时，可利用每根拔杆两侧起重机滑轮组中产生水平分力不等原理推动网架在空中移位或转动进行就位。网架提升时，如图 2-75a 所示，每根拔杆两侧滑轮组夹角相等，上升速度一致，两滑轮组受力相等（$F_{t1} = F_{t2}$），其水平分力也将相等（$H_1 = H_2$），网架只是垂直上升，不会水平移动。此时滑轮组的拉力为

$$F_{t1} = F_{t2} = \frac{G_1}{2\sin\alpha_1} \tag{2-90}$$

式中　F_{t1}、F_{t2}——一根拔杆两侧起重滑轮组的拉力；

　　　α_1——起重滑轮组钢丝绳与水平面的夹角；

　　　G_1——每根拔杆所担负的网架、索具等荷载。

网架在空中移位时，如图 2-75b 所示，每根拔杆的同一侧滑轮组钢丝绳徐徐放松，而另一侧滑轮组不动。此时放松一侧的钢丝绳因松弛而使拉力 F_{t2} 变小，另一侧拉力 F_{t1} 则由于网架重力而增大，因此两边的水平分力就不等（即 $H_1 > H_2$）而推动网架移动。

网架就位时，如图 2-75c 所示，即当网架移动至设计位置上空时，一侧滑轮组停止放

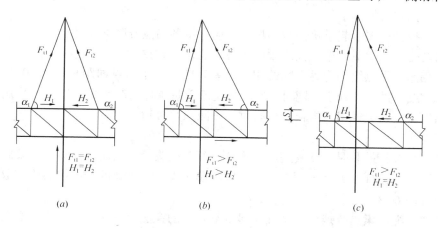

图 2-75　网架空中移位示意图

（a）提升阶段；（b）移位阶段；（c）就位阶段

松钢丝绳而重新处于拉紧状态，则 $H_1 = H_2$，网架恢复平衡。此时滑轮组拉力为

$$F_{t1}\sin\alpha_1 + F_{t2}\sin\alpha_2 = G_1 \tag{2-91a}$$

$$F_{t1}\cos\alpha_1 = F_{t2}\cos\alpha_2 \tag{2-91b}$$

式中　α_1、α_2——起重滑轮组两侧钢丝绳分别与水平面的夹角。

网架空中移位时，由于一侧滑轮组不动，网架除产生平移外，还产生少许下降，网架移动距离与网架下降高度之间关系，可用图解法或计算法确定。网架在空中移位的方向与拔杆及其起重滑轮组布置有很大关系。图 2-76 所示是采用 4 根拔杆对称布置，且拔杆的起重平面（起重滑轮组与拔杆所构成的平面）方向一致，利用调整同一侧滑轮组钢丝绳，使网架产生平移。如拔杆布置在同一圆周上，且拔杆的起重平面垂直于圆的半径（图 2-77），这时使网架产生运动的水平分力 H 与拔杆的起重平面相切，从而使网架转动一个角度。

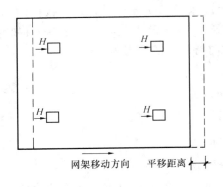

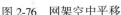

图 2-76　网架空中平移

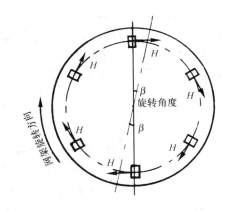

图 2-77　网架空中转动

当采用单根拔杆时，对矩形网架可通过调整缆风绳使拔杆吊着网架进行平移就位；对正多边形或圆形网架可通过旋转拔杆使网架转动就位。

（3）同步控制与折减系数

采用多根拔杆或多台起重机吊装网架时，应保持各吊点升降同步性，以减少起重设备及网架不均匀受力，避免网架与柱或拔杆相碰，规程（JGJ7—91）规定提升高差值（相邻两拔杆间或相邻两吊点组的合力点间的相对高差）应不大于吊点间距离的1/400，且不宜大于100mm，或通过验算确定。同时，宜将额定起重量乘以折减系数0.75，当采用四台起重机将吊点连通成两组或用三根拔杆吊装时，折减系数可适当放宽。

（4）其它

当采用单根拔杆吊装时，其底座应采用球形万向接头；当采用多根拔杆吊装时，拔杆安装必须垂直，在拔杆的起重平面内可采用单向铰接头，缆风绳的初始拉力值宜取吊装时缆风绳中拉力的60%。

拔杆、缆风绳、索具、地锚、基础及起重滑轮组的穿法等均应进行验算，必要时可进行试验检验。

6. 整体提升法

整体提升法是指网架在设计位置就地总拼后，利用安装在结构柱上的提升设备提升网架或在提升网架的同时进行柱子滑模的安装方法。这种安装方法利用小型设备（如升板机、液压滑模千斤顶等）安装大型网架，同时可将屋面板、防水层、天棚、采暖通风及电气设备等全部在地面或最有利的高度施工，从而降低施工成本。但整体提升法只能在设计坐标垂直上升，不能将网架移动或转动。适用于周边支承及多点支承各类网架。

（1）分类

整体提升法根据吊装内容和施工方法可分为三类：

1）单提网架法。网架在设计位置就地总拼后，利用安装在柱子上的小型提升设备，将其整体提升到设计标高以上，然后再下降、就位和固定。山东体育馆斜放四角锥网架采用此法安装，图2-78为其升板机提升示意图。

2）升梁抬网法。网架在设计位置就地总拼后，同时安装好支承网架的装配式梁（提升前梁与柱断开，提升网架完成后再与柱连成整体），网架支座搁置于此梁上，在提升梁

88

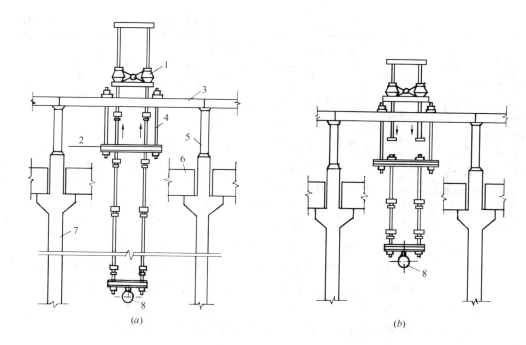

图 2-78 升板机提升示意图

(a) 提升；(b) 临时搁置

1—升板机；2—临时搁置用钢梁；3—钢梁；4—螺杆；5—钢柱；6—梁；7—柱；8—网架球支座

的同时抬着网架升至设计标高。南京航天航空大学体育馆网架采用此安装方法。

3）升网滑模法。网架在设计位置就地总拼，柱是用滑模施工，网架的提升是利用安装在柱内钢筋上的滑模用液压千斤顶或劲性配筋上的升板机，一面提升网架，一面滑升模板浇筑柱混凝土。石家庄火车站货棚正放抽空四角锥网架采用此法安装。

（2）提升设备布置与负荷能力

提升设备的布置应使：①网架提升时的受力情况与网架使用时的受力情况接近；②每个提升设备所受荷载尽可能接近。提升设备的使用负荷能力应将额定负荷能力乘以折减系数，规程（JGJ 7—91）规定穿心式液压千斤顶折减系数可取 0.5～0.6；电动螺杆升板机可取 0.7～0.8，其它设备通过试验确定。

（3）提升的同步控制

网架提升时应保证做到同步，规程（JGJ 7—91）允许的升差值见表 2-12。

（4）柱的稳定性

网架提升时，应使下部支承柱形成稳定的框架体系，否则应对独立柱进行稳定性验算，如稳定性不够，则应采取措施加固。

7. 整体顶升法

整体顶升法是指网架在设计位置就地拼装成整体后，利用网架支承柱作为顶升支架，也可在原有支点处或其附近设置临时顶升支架，用千斤顶将网架整体顶升到设计标高的安装方法。顶升法与前述的提升法具有相同的特点，只是顶升法的顶升设备安置在网架的下面，适用于支点较少的多点支承网架。图 2-79 为山西太原市煤管局仓库正放抽空四角锥网架顶升示意图。

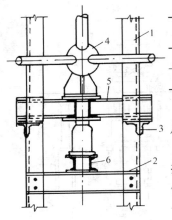

图 2-79　网架顶升示意图

1—柱；2—下缀板；3—上缀板；
4—球支座；5—十字梁；6—横梁

	允许升差值	表 2-12
提升设备类型	相邻两个提升点升差值	最高提升点与最低提升点升差值
升板机	$\leq l/400$ 且 $\leq 15mm$	35mm
穿心式液压千斤顶	$\leq l/250$ 且 $\leq 25mm$	50mm

注：l——相邻两个提升点间距离。

用整体顶升法顶升网架，应注意下列问题：

（1）顶升时，各千斤顶的行程和升起速度必须一致，保持同步顶升。规程（JGJ 7—91）规定：各顶升点的允许升差值为：相邻两个顶升用的支承结构间距的 1/1000，且不应大于 30mm；当一个顶升用的支承结构上有两个或两个以上千斤顶时，取千斤顶间距的 1/200，且不应大于 10mm。

（2）千斤顶的使用负荷能力应将额定负荷能力乘以折减系数，规程（JGJ 7—91）规定：丝杠千斤顶折减系数可取 0.6 ~ 0.8；液压千斤顶可取 0.4 ~ 0.6。

（3）千斤顶或千斤顶合力的中心应与柱轴线对准，其允许偏移值应为 5mm，千斤顶应保持垂直。

（4）顶升前及顶升过程中应防止网架的偏移，防止的措施是设置导轨。导轨的作用不仅使网架垂直地上升，而且也是安全装置。纠偏方法可以把千斤顶垫斜或人为造成反向升差或将千斤顶平放，水平顶网架支座。规程（JGJ 7—91）规定：网架支座中心对柱基轴线的水平偏移值不得大于柱截面短边尺寸的 1/50 及柱高的 1/500。

（5）顶升用的支承结构应进行稳定性验算，验算时除应考虑网架和支承结构自重、与网架同时顶升的其他静载和施工荷载外，还应考虑上述荷载偏心和风荷载所产生的影响。如稳定性不足，则应采取措施，如及时连接上柱间支撑、框架联系梁和格构柱的缀件等。

复 习 思 考 题

1. 按结构组成的不同来分类，网架结构可分为哪几类？各自的组成如何？各有何特点？

2. 按支承情况的不同来分类，网架结构可分为哪几类？各有何特点？

3. 简述按网格形式分类时，网架结构可分为哪些类型？

4. 选择网架结构的形式时，应考虑哪些影响因素？

5. 验算表明，某网架结构的挠度超过了容许挠度，试问改变网架中哪个尺寸可最有效地解决此问题？

6. 简述选择上弦网格尺寸时，应考虑的影响因素。

7. 简述网架高度与网架用钢量之间的关系。确定网架高度时，应考虑哪些因素？

8. 为什么采用网架起拱的方案时，会引起网架设计、制造和安装时的麻烦？

9. 简述空间桁架位移法计算网架内力的基本假定和基本原理。

10. 如题图 2-1 所示网架结构，网架平面尺寸为 4.0m×4.0m，高度 $h = 2.0m$，设 $EA = 10^5 kN$，支座节点处不产生任何线位移，网架上弦作用均布竖向荷载 4.0kN/m²，要求利用对称性取 1/4 结构计算节点挠度和杆件内力。

11. 对网格数为 4×5 的正放四角锥和斜放四角锥网架结构，试说明当取其 1/4 结构作为计算单元时对称面上的约束。

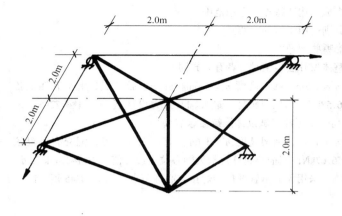

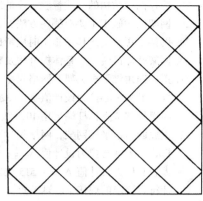

题图 2-1　　　　　　　　　　　　　　　　　题图 2-2

12. 对网格数为 4×4 的正交正放网架及正交斜放网架（题图 2-2）及网格数为 5×5 的正放抽空四角锥网架（题图2-3），试说明当取其 1/8 结构作为计算单元时对称面上的约束。

13. 如题图 2-4 所示三角锥网架，试说明当分别取其 1/6 和 1/12 结构作为计算单元时对称面上的约束。

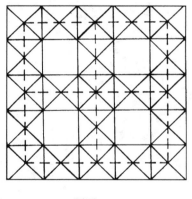

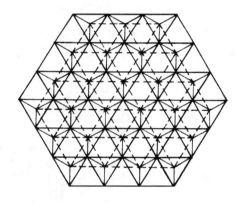

题图 2-3　　　　　　　　　　　　　　　　　题图 2-4

14. 何种情况下网架结构可不考虑温度作用产生的内力？

15. 简述温度作用下网架内力计算的空间桁架位移法。

16. 何种情况下网架结构需进行水平抗震验算或竖向抗震验算。

17. 竖向地震作用下网架结构内力简化计算方法有哪些？各适用于何种网架？

18. 网架结构的杆件一般采用什么材料？采用什么截面形式？

19. 对下列情况，网架结构杆件设计时应分别计算哪些内容：（1）轴心受拉杆件；（2）轴心受压杆件。

20. 选择网架节点型式时，应考虑哪些因素？举例说明。

21. 简述螺栓球节点的组成、材料、特点。

22. 为什么当杆件内力非常大时，不宜采用螺栓球节点，而应采用焊接空心球节点？

23. 如何确定螺栓球节点中高强度螺栓的直径？对压杆情况如何处理？

24. 简述焊接空心球节点的材料、特点和构造要求。

25. 简述钢板节点的组成、构造要求和设计要点。

26. 网架结构的压力支座主要有哪些类型？简述每种类型的组成、构造及适用范围。

27. 简述网架结构的板式橡胶支座的组成、构造特点及适用范围。

28. 网架结构施工主要有哪些方法？分别适用于何种网架？

29. 网架采用高空滑移法施工时应考虑哪些问题？

30. 网架整体吊装法、整体提升法及整体顶升法施工时三者有何异同？

31. 正放四角锥平板网架，网格尺寸 $a = 3.9m$，网架高度 $h = 3.0m$。有一下弦节点，汇交有四根弦杆，最大轴心拉力设计值 $N_1 = 326.58kN$；四根斜腹杆，最大轴心拉力设计值 $N_2 = 184.72kN$。采用螺栓球节点，杆端采用10.9级高强度螺栓。试设计该螺栓球节点。

32. 正放四角锥平板网架，网格尺寸 $a = 4.8m$，网架高度 $h = 3.6m$。有一下弦节点，汇交有四根弦杆，最大轴心拉力设计值 $N_1 = 1356.67kN$；四根斜腹杆，最大轴心拉力设计值 $N_2 = 742.43kN$，最大轴心压力设计值 $N_3 = -515.96kN$。采用无缝钢管杆件，焊接空心球节点，均为 Q345 钢。试设计符合要求的焊接空心球节点。

第3章 网壳结构

网架结构是一个以受弯为主体的平板，而网壳结构以其合理的受力形态，成为较为优越的结构体系。可以说它不仅仅依赖材料本身的强度，而是以曲面造型改变结构的受力，成为以薄膜内力为主要受力模式的结构形态，跨越更大跨度。其优美的造型也激发了建筑师及人们的想象力。随着结构理论及试验研究的不断深入，计算机技术的不断发展，越来越多的建筑采用了这种结构形式。

3.1 网壳结构的形式与选型

3.1.1 网壳结构的基本曲面及形成

1. 壳体的概念

被两个几何曲面所限的物体称为壳体，这两个曲面之间的距离称为壳体的厚度，等分壳体各点厚度的几何曲面称为壳体的中曲面。中曲面的几何性质主要决定曲面上曲线的弧长与曲率。由于是曲面，过曲面上 m 点法线可做无数个法截面（图 3-1），得到无数个法截线，这组法截线分别对应一组曲率，由曲面微分几何可以证明，这些曲率有两个极值称为 m 点两个主曲率 K_1、K_2，对应的主曲率半径为 R_1、R_2，这一对主曲率方向（主方向）是相互正交的。我们称

$$\Gamma = K_1 K_2 = \frac{1}{R_1 R_2} \qquad (3\text{-}1)$$

为高斯曲率，其可正，可负，亦可为零。以高斯曲率来进行网壳结构的划分是工程中常用的方法。零高斯曲率网壳是指一方向的主曲率 $K_1 = 0$，另一方向主曲率 $K_2 \neq 0$（K_2 也为零就成为平板网架）；正高斯曲率网壳是指两个方向的主曲率同号，即 $K_1 K_2 > 0$，负高斯曲率网壳是指两个主曲率异号，即，$K_1 K_2 < 0$。

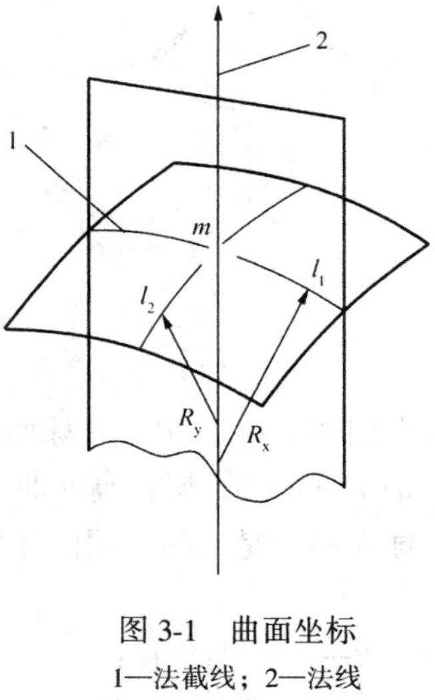

当壳体的厚度不随坐标位置不同而改变时，这种壳体称为等厚度壳；反之为变厚度壳。当壳体的厚度远小于它的最小曲率半径时，称为薄壳，反之则称为厚壳或中厚度壳。在网壳结构工程中一般为等厚度的薄壳。

图 3-1 曲面坐标
1—法截线；2—法线

2. 基本曲面及形成

曲面分为两大类，一是可由几何学方程表达的几何曲面，亦称为典型曲面，如球面、圆柱面、抛物曲面等；另一类是不易用几何学方程来表达的非几何学曲面，亦称非典型曲面。此外，仿生结构的研究给工程师们带来更大的自由空间。

在基本曲面形成中主要有两种方法：旋转法和平移法。了解基本曲面形成规律是网壳

结构设计的重要内容。只有了解曲面的形成规律，才能通过典型曲面的切割组合，设计出造型各异、形态优美的建筑。

（1）旋转法形成曲面

一条平面曲线 C 绕该平面内某一给定的直线 L 旋转一周，由此形成的曲面称为旋转面，以旋转面为中曲面的壳体称为旋转壳。动曲线 C 称为母线，而定直线 L 称为旋转轴，如图 3-2 所示。

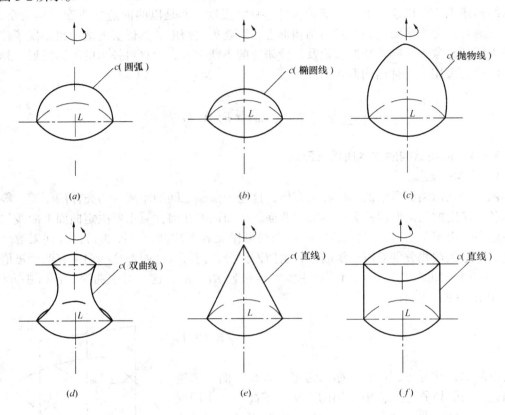

图 3-2　旋转曲面

在图 3-2（a）中，一球面网壳，它的母线 C 是圆弧，绕 L 旋转一周而形成，其高斯曲率是 $K_1 K_2 > 0$，属正高斯曲率网壳，在工程中可选择不同矢高的圆弧形成不同的球面网壳，球面网壳是工程常用的壳体形式。可以很方便地写出它的曲面方程：

$$x^2 + y^2 + (z + R - f)^2 = R^2 \tag{3-2}$$

式中　R——曲率半径；

　　　f——球面网壳的矢高。

这样就可以通过曲面方程，按一定的划分方法，确定出网壳各节上的坐标。

同样地，图 3-2（b）~（f）分别由椭圆线，抛物线，双曲线和直线绕 L 轴形成了旋转椭圆面、旋转抛物面、旋转双曲面、圆锥面和柱面，它们的曲线方程可以通过平面曲线很方便地写出，请读者自己推演。

（2）平移法形成曲面

由一根平面曲线（母线 C）沿着二根不在同一平面的平面曲线（导线 L）平移后形成的曲面，这种曲面称为平移曲面，如图3-3所示。

图3-3（a）是由一根直线沿两根曲率相同曲线（导线 L）平行移动而成。我们称为柱面网壳。其母线 C 是一直线，曲率为零，故圆柱面网壳是零高斯曲率网壳。导线 L 的不同方程形成不同的柱面网壳，如椭圆柱面网壳、抛物线柱面网壳和圆柱面网壳等。它特别适用建筑平面为矩形的建筑物屋盖。若导线 L 是圆，则有圆柱面的曲面方程为：

$$x^2 + (z + R - f)^2 = R^2 \qquad (3\text{-}3)$$

式中　R——曲率半径；

　　　f——柱面网壳的矢高。

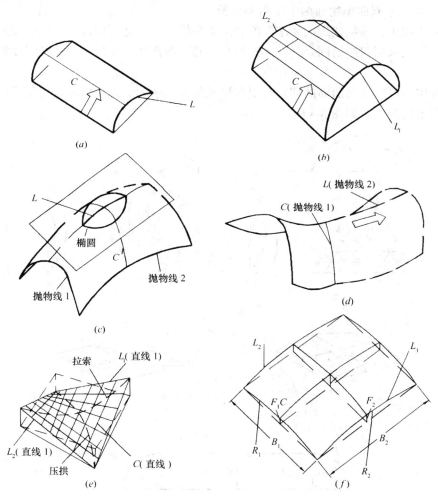

图 3-3　平移曲面

（a）柱面；（b）柱状面；（c）椭圆抛物面；（d）双曲抛物面；（e）扭面；（f）扁壳

当一根直线沿两根曲率不同的曲线（导线 L_1，L_2）平行移动时，就形成了柱状面，如图3-3（b）。

图3-3（c）是曲率 $K_1 > 0$ 的抛物线（母线）沿与之正交的曲率 $K_2 > 0$ 的抛物线（导

95

线）平行移动而成，用一水平面去截该曲面，其截线为一椭圆，故称之为椭圆抛物面。

图 3-3（d）为双曲抛物面网壳，其母线为曲率 $K_1 > 0$ 的抛物线沿与之正交的另一曲率 $K_2 < 0$ 的抛物线（导线）平行移动而成，显然，它是负高斯曲率网壳，其外形象马鞍，也称为马鞍形网壳。这种网壳有一个重要特点，如沿曲面斜向垂直切开，则均为直线，这一特点在实际工程带来很大方便，由于这一特点，双曲抛物面形成规律可以看成一根直线沿两根在空间倾斜不相交的直线移动而形成，如图 3-3（e）所示，这种曲面在工程上常称为扭曲面。对矩形平面的双曲抛物面网壳的曲面方程为：

$$Z = \frac{y^2}{R_2^2} - \frac{x^2}{R_1^2} \tag{3-4}$$

式中　R_1、R_2——双曲抛物面两个主曲率半径。

在实际工程中，根据建筑的要求，网壳的矢高较小，又必须设计成矩形平面或接近矩形平面时，往往采用双曲扁网壳（图 3-3（f）），椭圆抛物面、球面、双曲抛物面等都可形成扁网壳。

在工程中，可以通过曲面的切割与组合形成更为复杂的形态，以满足建筑平面、空间功能和美观上的要求。如图 3-4 所示。

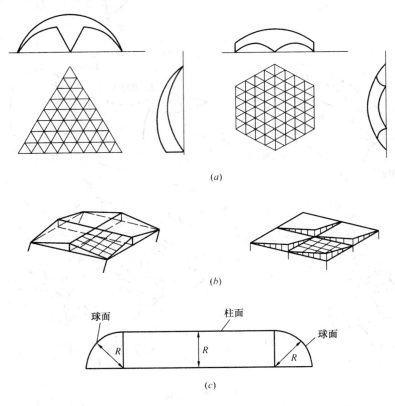

图 3-4　曲面的切割与组合
（a）球壳的切割；（b）扭曲面的组合；（c）球面与柱面的组合

3.1.2　网壳结构的常用形式

网壳结构的设计应根据建筑物的功能与形状，综合考虑材料供应和施工条件以及制作

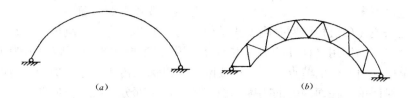

图 3-5　单层和双层网壳

（a）单层；（b）双层

安装方法，选择合理的网壳屋盖形式，以取得良好的技术经济效果。一般来说，网壳结构按层数可划分为单层网壳和双层网壳（图 3-5）。

常用形式有：圆柱面网壳、球面网壳、椭圆抛物面网壳（双曲扁壳）及双曲抛物面网壳（鞍形网壳、扭网壳）。

1. 单层网壳的网格常用形式

（1）圆柱面单层网壳（如图 3-6）

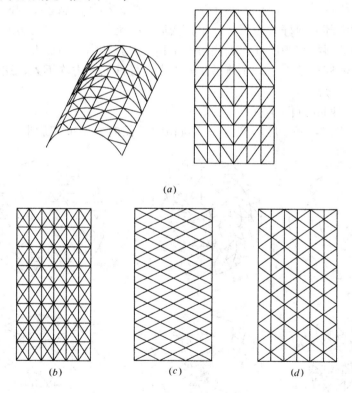

图 3-6　圆柱面网壳的网格

（a）单向斜杆型；（b）交叉斜杆型；（c）联方型；（d）三向网格型

在图 3-6 不同网格的圆柱面网壳中，分析表明，单向斜杆型圆柱面网壳相对刚度较差，曲面变形幅度大，而交叉斜杆型圆柱面网壳刚度较好，内力分布均匀，内力值也较小，但其缺点是杆件数量多，耗钢量大。综合比较，三向网格型柱面网壳表现出较佳的结构性能和稳定性，荷载在这种形式的结构中由斜杆传递，斜杆内力较大，内力分布也较均匀，杆件数量也不多，多应用于跨度较大和不对称荷载较大的屋盖中。

从整体上来说，单层柱面网壳刚度比其他结构（如圆球壳等）刚度差，结构的弯曲内力较大，甚至起控制作用（杆件的剪力也不容忽视），不能实现以薄膜内力为主的受力状态。因此，单层柱面网壳的节点必须设计成刚接，以保证传递弯矩、剪力。有时，在设计中，为了充分保证单层柱面网壳的刚度和稳定性，可在部分区段设横向肋。

柱面网壳按照其支承情况不同，按纵向支承点间的距离 L 与曲率半径 R 的比例不同，分为短壳（$L/R < 0.5$）、长壳（$L/R > 2.5$）和筒拱。短壳一般沿长度方向多点支承，荷载沿两个方向传递，故空间受力较强。长壳多为局部支承，荷载沿长度方向传递，结构主要起梁的作用。筒拱是在周边节点上均设计支座，其受力性能与平面拱相似。因此，长壳在竖向均布荷载下，边缘产生较大的水平侧移，接近结构边缘部位沿纵向的杆件受拉，顶部沿纵向的杆件受压，且均为结构中部的杆件轴力大。对三向网格型柱面网壳斜杆的轴向力多为压力，结构中部斜杆轴力小，边缘部位杆件轴力大。筒拱的空间刚度大，在竖向均布荷载作用下，与长壳相反，是两边的竖向位移出现反弹，而跨中竖向位移向下，这种型式的柱面网壳在构造上是三向传力的，斜杆是主要受力构件，靠近结构两端处的斜杆拉压交替出现，结构中部的斜杆均为压杆。短壳变形特征类似筒拱，但两边的竖向位移反弹不如筒拱，短壳中的斜杆多为压杆，直接与支座相连的斜杆内力明显大于其他斜杆。因为荷载主要通过这些斜杆传给支座。在筒拱和短壳中，杆件的剪力均不大，这是两者都有明显的拱的空间作用的缘故。

（2）球面单层网壳（图 3-7）

1）肋环型（图 3-7 a）　肋环型由一系列相同的径向桁架或实腹肋组成。这些肋在球

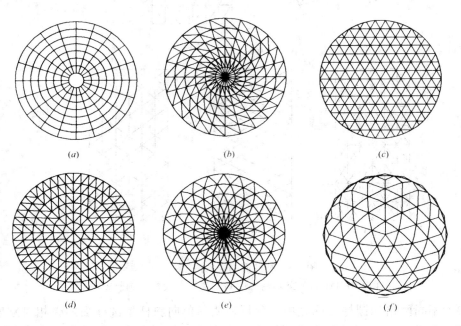

图 3-7　球面网壳的网格

（a）肋环型；（b）肋环斜杆型；（c）三向网格型；（d）扇形三向网格；

（e）葵花形三向网格；（f）短程线型

顶相交，通常在基础处以拉力环加强。在纬向采用较刚的实腹或格构的檩条与径向肋组成一个刚性互交体系。肋环型网壳的突出优点是每个节点仅有四根杆件交汇，节点构造简单。这种单层网壳一般采用木材、型钢制作，因而很容易保证节点的刚度，以传递平面外内力。肋环型网壳适用于中、小跨度。国外有很多木结构或型钢做成的肋环形穹顶。如1973 年英国罗得兹（*Rodos*）地方旅馆，是一个净跨 61m 的铝骨架肋环型穹顶。1946 年英格兰纽加塞尔（*Newcastle*）胶合木穹顶，跨度达 62.8m。

2）肋环斜杆型（图 3-7*b*）　这种网壳在肋环形网壳的径向肋与环向檩条处增加斜杆，这样可以增强这一结构承受不对称荷载的能力。肋环斜杆型又称为施韦得勒型（*Schwedler*），施韦得勒是 19 世纪中叶德国的工程师，他一生建造了大量的穹顶网壳。增加斜杆在节点铰结时能使结构稳定。这种网壳形式在美国十分流行，如北卡罗利纳州（*NorthCarolina*）夏洛特（*Charlotle*）竞技场和戴恩群（*Dane*）穹顶。肋环斜杆型单层网壳角位移都很小，随着结构矢跨比的增大，结构的竖向位移相应减少，且在结构边缘部位处位移变化幅度较大。各杆内力相应减少，弯曲应力在杆件总应力中的比重越来越小。

3）三向网格型（图 3-7*c*）　三向网格型网壳划分规则是在球面上用三个方向的相交成60°的大圆构成，或在球面的水平投影的圆上，将其直径 *n* 等分，再作出正三角形的网格，再投影到球面上后，即可得到三向网格型网壳。这种形式在欧洲许多国家流行，多用于中、小跨度网架。如法国巴黎近郊的特朗西（*Drancy*）游泳池采用三向单层钢梁格构型穹顶，跨度 45m。

4）扇形三向网格（图 3-7*d*）　扇形三向网格又称凯威特（*Kiewitl*）型球面网壳。这种网壳是由 *n* 根径肋把球面分为 *n* 个对称形曲面，如图 3-7（*d*）中 *n* = 8，将球面等分为八个扇形曲面（简称为 K8 型）。再由环杆和斜杆组成大小较匀称的三角网格，这样得到的杆件类型少，受力也比较均匀。扇形三向网格主要适用大、中跨度。

5）葵花形网格（图 3-7*e*）　葵花形网格又称联方型球面网壳，它是由有规律的人字斜杆组成菱形网格，环向的杆件，增强了网壳的刚度和稳定性，网格成三角形，造型优美，杆件的夹角较大，有利于结构设计。葵花形网格适用于大、中跨度。

6）短程线型（图形 3-7*f*）　短程线型又称测地线穹顶。短程线的概念是用过球心的平面截球，在球面上所得截线称为大圆。这个大圆上 *a*、*b* 两点间的无数连线中，其直线最短，故称为短程线（图 3-8*a*）。这一穹顶的创始者是美国理查德·巴克明斯特·富勒（*Richard Buckminster Faller*）在 1954 年提出的。一个球面最大可以分割成 20 个等边球面三角形，只需

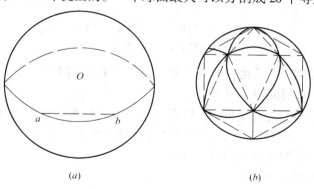

（*a*）　　　　　　　　　　　　　　（*b*）

图 3-8　短程线球面网壳

用大圆等分球面，用直线连接球面三角形的顶点，就得到一个正20面体，它们的边长都是相等的。可想而知，这很利于工程应用（图3-8）。然而，对于直径较大的球体，这个20面体的边长太长、会导致杆件过大的长细比，故需将这个正三角形进一步划分。

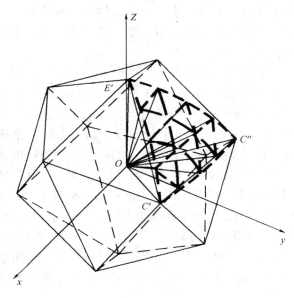

图 3-9　弦均分法原理

a. 弦均分法（福勒法）（图3-9）。将多面体的基本三角形 $\Delta C'C''E'$ 棱边等分成若干网格，然后从其外接球中心，将这些等分点投影到球面上，连接此球面上所有的点形成的新多面体即为所求的短程线球面网格。

b. 等角再分法（等弧再分法）。等角再分法利用多面体外接球弦等分（二等分），则对称的弧也等分这一特点，逐次往下均分，也即中心角的等分。具体步骤是，首先将多面体的基本三角形弦等分，再将其外接球中心经等分点投射至球面上，球面上投射点的直线（即弦缩小一半的新弦）形成新的多面体的棱边（即球面的弦），再将此弦等分（注意只需二等分，以后各次均分相同）。再从外接球心通过此新的再分点投射到外接球面上，如此循环进行。显然，等角再分法比弦均分法的杆长要均匀，杆件种类也少。

（3）椭圆抛物面单层网壳（图3-10）。

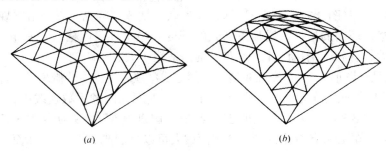

(a)　　　　　　　　　　(b)

图 3-10　椭圆抛物面网壳的网格
（a）三向网格型；（b）单向斜杆型

椭圆抛物面单层网壳可采用三向或单向斜杆正交正放的网格。

（4）双曲抛物面单层网壳（图3-11）

双曲抛物面单层网壳是直纹曲面，沿直纹两个方向按平移法形成规律设置直线杆件，组成两向正交网格。一般在第三个方向再设置杆件即斜杆，形成三向网格（图3-11a）。也可以沿主曲率方向布置杆件（图形3-11b）。

2. 双层网壳的网格常用形式

双层网壳是由两个同心或不同心的单层网壳通过斜腹杆连接而成。

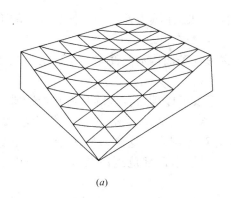
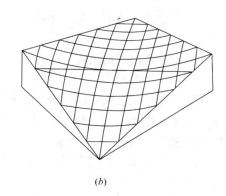

(a)   (b)

图 3-11　双曲抛物面网壳的网格
(a) 直纹布置杆件；(b) 主曲率方向布置杆件

　　双层网壳的网格以两向或三向交叉的桁架单元组成时，可采用单层网壳的方式布置（如图 3-12，采用一组平行的交叉桁架体系，形成正交正放柱面网壳）。双层网壳以四角锥、三角锥的锥体单元组成时，可以将平板网架的许多方案，经过一定处理，原则上也适用于网壳结构。如图 3-13，采用的是四角锥体系形成了正放四角锥柱面网壳。而双层球面网壳可以采用肋环型、施威德勒型（肋环斜杆型）、联方型、凯威特型（扇形）等构成形式，并多选用交叉桁架体系，也可用短程线型双层球面网壳。

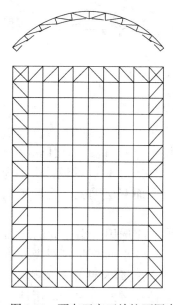

图 3-12　两向正交正放柱面网壳　　　　　图 3-13　正放四角锥柱面网壳

3. 网壳结构的组合形式

　　在实际工程中，不同形式的曲面组合，单层与双层的组合，构造出许多造型别致、新颖的建筑形态，为建筑师们的创造提供更大的思维空间。

　　常见的曲面组合方式是：

（1）将圆柱面、圆球面和双曲抛物面截出一部分进行组合（图 3-14）；

（2）将一段圆柱面两端与两个半圆球面组合，如哈尔滨市速滑馆是比较成功的工程实例（图 3-14c）。

（3）将四块双曲抛物面组合（图 3-14b），选形优美而构造又简单，是建筑与结构的完美组合。

（4）单层网壳和双层网壳的组合。这种组合形式可以满足合理的受力和构造要求，如西班牙维多利亚农牧产品展览中心的球面网壳，半径为 69.033m，在顶部直径为 32.245m 的圆形区域内为单层网壳，其余部分为变厚度的双层网壳。这样既解决全部采用双层网壳，在顶部汇交杆件多、构造复杂的问题，又可以根据顶部范围占荷载小而采用单层网壳，节约了钢材。

（5）为了满足三角形、四边形或多边形等建筑平面的要求，将圆球面网壳用铅直平面去切割球体，形成如图 3-14（a）所示的造型，由于切口部分失去刚度，应在构造上在切口处设置足够刚度的边缘构件。

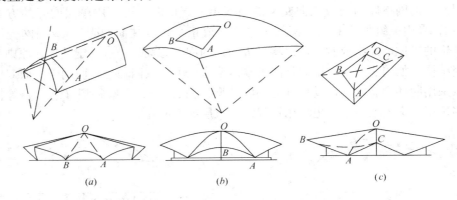

图 3-14　曲面的切割与组合
（a）圆柱面；（b）圆球面；（c）双曲抛物面

3.1.3　网壳结构的选型

网壳结构与网架结构相比有相似之处，更有其特性。一般来说，单层网壳构造简单，重量轻，但其稳定性较差，只适合于中、小跨度的网壳。在单层网壳的设计中，为加强整体稳定性，其节点相对也复杂一些，必须采用刚性节点。而双层网壳适合跨度大于 40m 的结构，其节点可采用铰接节点。

对大跨度的网壳结构，其矢高对受力性能影响颇大，应选用矢高较大的球面或柱面网壳，构造较为合理、经济；当跨度较小时，可选用矢高较小的双曲扁网壳或落地式的双曲抛物面网壳。当然，矢高的大小还与建筑环境、建筑造型及使用有着密切的关系。在选择网壳结构类型时应综合考虑支座情况、结构受力性能、经济性、适用性和美观的要求。

在网壳结构中，非对称性荷载、集中荷载对单层网壳的稳定性危害极大，在结构选型时，应优先选用结构稳定性较好的结构，如球面短程线型、凯威特型、柱面双斜杆型和联方型等。

影响网壳结构静力性能和经济指标的另一因素是结构的支承条件，网壳结构的支承构造除保证可靠传递反力外尚应满足不同网壳结构形式必需的边缘约束条件。要处理好结构刚度与支承刚度之间的关系，特别要综合考虑下部结构的刚度，因地制宜地确定支承约束条件。如将网壳支承在地面上，则可将三方向都约束或只约束垂直和水平方向，这样支座刚度大了，则网壳的挠度可降低 1/3 ~ 1/6。但下部结构（如柱子）较柔时，就要分析与该柱子相联系的结构整体情况。设计中，在经济性前提下，有必要加强下部结构的刚性，以抵抗上部结构的推力或减少网壳结构的内力和挠度。

1. 圆柱面网壳

两端支承的圆柱面网壳，其宽度 B 与跨度 L 之比宜小于 1.0，壳体的矢高可取宽度的 1/3 ~ 1/6，沿纵向边缘落地支承的圆柱面网壳可取 1/2 ~ 1/5。

圆柱面网壳可采用以下支承方式：通过端部横隔支承于两端；沿两纵边支承；沿四边支承。当支承于两端时，其端部横隔应具有足够的平面内刚度。当沿两纵边支承时，其支承点应保证抵抗侧向水平位移的约束条件。

两端支承单层圆柱面网壳的跨度不宜大于 30m，当沿纵向边缘落地支承时，其跨度（宽度 B）不宜大于 25m。

双层圆柱面网壳的厚度可取宽度的 1/20 ~ 1/50。

2. 球面网壳

球面网壳的支承点应保证抵抗水平位移的约束条件。球面网壳的矢高可取直径的 1/3 ~ 1/7，沿周边落地支承可放宽至 3/4。双层球面网壳的厚度可取直径的 1/30 ~ 1/60。单层球面网壳的直径不宜大于 60m。

3. 椭圆抛物面网壳

椭圆抛物面网壳及四块组合双曲抛物面网壳应通过横隔沿周边支承，其支承横隔应具有足够的平面内刚度。

椭圆抛物面网壳底边长比不宜大于 1.5，壳体的矢高可取短向跨度的 1/4 ~ 1/8。

双层椭圆抛物面网壳的厚度可取跨度的 1/20 ~ 1/50。

单层椭圆抛物面网壳的跨度不宜大于 40m。

4. 双曲抛物面网壳

双曲抛物面网壳应通过边缘构件将荷载传递给支座或下部结构，其边缘构件应具有足够的刚度，并作为网壳整体的组成部分共同计算。

双曲抛物面网壳底面对角线之比不宜大于 2，单块双曲抛物面壳体的矢高可取跨度的 1/2 ~ 1/4（跨度为二个对角支承点之间的距离）。四块组合双曲抛物面壳体的矢高可取短边的 1/4 ~ 1/8。

双层双曲抛物面网壳的厚度可取短边的 1/20 ~ 1/50。单层双曲抛物面网壳的跨度不宜大于 50m。

5. 网格尺寸

网壳结构的网格在构造上可采用以下尺寸，当跨度小于 50m 时，1.5 ~ 3.0m；当跨度为 50 ~ 100m 时，2.5 ~ 3.5m；当跨度大于 100m 时，3.0 ~ 4.5m，双层网壳的弦杆间的夹角应大于 30°。

6. 容许挠度

网壳结构的容许挠度不应超过短向跨度的 1/400。悬挑网壳的容许挠度不应超过跨度的 1/150。

3.2 网壳结构静力分析的有限单元法

3.2.1 一般计算原则

网壳结构的分析内容，不仅包括了结构的强度、刚度和稳定性分析，往往其几何外形在设计中也是重点考虑的因素。一个好的网壳结构的设计需经过分析、设计、再分析、再设计的过程。更有甚者，施工方法的改变也会对设计的结构性能和经济性能产生很大的影响，这是空间结构不同于一般结构的显著特点。

目前，在网壳结构的分析计算中，多采用杆系有限元法。对双层网壳宜采用空间杆系有限元法，对单层网壳宜采用空间梁系有限元法，前者的节点考虑成铰结，而后者因其稳定性的需要，节点必需设计成刚性的，以保证安全传递弯矩。

网壳结构应在不同荷载工况组合情况下，对其内力、位移和稳定性进行计算，必要时，对地震作用、温度变化、支座沉降及施工安装荷载作用等进行分析计算。在非抗震设计中，荷载及荷载效应组合应按国家标准《建筑结构荷载规范》（GB 50009—2001）进行计算，在杆件截面及节点设计中，应按照荷载的基本组合确定内力设计值；在位移计算中应按照短期效应组合确定其挠度。对抗震设计，其荷载及荷载效应组合应按国家标准《建筑抗震设计规范》（GB 50011—2001）确定内力设计值。网壳结构的内力和位移一般按线弹性阶段进行设计计算，而稳定性则要考虑几何非线性。网壳结构的外部荷载也采用静力等效原则，支承约束条件应根据支撑结构的刚度、支座节点的构造情况来选择合理的支承。对于双层网壳，可以在三个不同方向选择无侧移、有侧移、无转动、有转动的刚性支座或弹性支承。

国外某些网壳结构工程在雪荷载情况下的垮塌事件，引起了结构工程师们的高度重视，并将雪荷载作为设计大跨度网壳结构房屋安全性的重要内容之一。积雪荷载大小，主要与雪的密度、温度、湿度、风速有关，还与房屋形状、所处海拔（是否山区）有关。国外研究资料表明，不同海拔高度，雪荷载会发生较大的变化；不同坡度、不同形式的屋顶，积雪荷载分布也不同。因此，除考虑正常情况外（《建筑结构荷载规范》（GB 50009—2001）中的规定），还要就不同地区，不同环境情况及有关资料，作出必要的分析，慎重地确定雪荷载。

随着建筑技术的进步，屋面系统变得越来越轻，这使得整个结构构件尺寸变小，有利于抗震设防。然而，风荷载在网壳结构中特别是大跨度网壳结构中的作用产生了根本性的变化，有时对结构的安全性起着主导作用。因此，在这方面应进行深入的分析研究。从我国《建筑结构荷载规范》（GB 50009—2001）可以知道，风荷载的标准值与风振系数、风荷载体型系数、风压高度变化系数和基本风压成正比。上述因素中，屋面形体对风荷载的确定影响较大。且不同形状的屋顶，风压变化非常复杂。我国规范中只给出了旋转壳顶风荷载体型系数和柱面形屋面风荷载体型系数。在其他形式的中小跨度网壳结构设计时，可借鉴国内外的一些资料以及当地情况进行设计。对于大跨度网壳结构，即使体型简单，也应进行风洞试验，以得到较为准确的风压分布。应该补充说明的是，在不同高度的圆形屋顶的体型系数是不一样的，图 3-15 给出了圆屋顶建造在地面上和建造在一定高度的圆屋顶风压系数图，可见前者比后者风压系数要小。

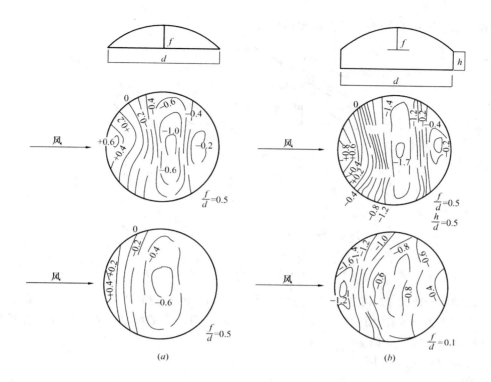

图 3-15　风压分布图

（a）直接建造在地面上的圆屋顶风压分布图；（b）建造在柱面支承结构上的圆屋顶风压分布图

3.2.2　空间杆系有限单元法

1. 基本假定

双层网壳结构多采用空间杆系有限元法分析节点位移和杆件内力。与平板网架假设类似，节点假设为铰接，每个节点有三个线位移 u_i、v_i、w_i。然而不同的是，下部结构的不同约束状况将使网壳结构的内力和位移发生显著变化。

2. 空间铰接杆单元刚度矩阵

与平板网架一样，同理可得整体坐标系下单元刚度方程（2-12），及相应的单元刚度矩阵（2-13）。

3. 空间铰接杆单元组装刚度矩阵

与平板网架类似，对网壳中所有节点，逐点列出内外力平衡方程，引入变形协调条件，得结构总刚度方程式（2-19）。

3.2.3　空间梁系有限单元法

1. 单元分析

网壳结构为刚节点，应采用空间梁系有限元法从网壳结构中任取一个单元 e_{ij}，它是等截面直线空间梁单元，有两个节点 i 和 j。在每个节点有 6 个自由度，即 3 个线位移和 3 个角位移。作用于每个节点的有 3 个力和 3 个力矩，单元节点位移是：

$$U_e = \begin{bmatrix} u_i & v_i & w_i & \theta_{xi} & \theta_{yi} & \theta_{zi} & u_j & v_j & w_j & \theta_{xj} & \theta_{yj} & \theta_{zj} \end{bmatrix}^T \tag{3-5}$$

单元节点力是：

$$F_e = \begin{bmatrix} F_{xi} & F_{yi} & F_{zi} & M_{xi} & M_{yi} & M_{zi} & F_{xj} & F_{yj} & F_{zj} & M_{xj} & M_{yj} & M_{zj} \end{bmatrix}^T \tag{3-6}$$

如图 3-16 所示，图中双箭头表示力矩和角位移。

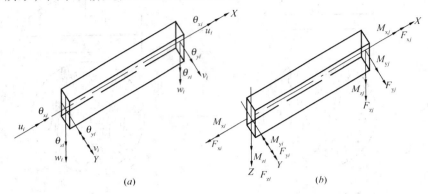

图 3-16　空间梁单元

（a）空间梁单元节点位移；（b）空间梁单元节点力

梁单元刚度矩阵是 12×12 阶的。为保证两个平面内的弯曲和剪切是相互独立的，需将梁的形心轴作为 X 轴，而 XY 平面和 XZ 平面与横剖面的主惯性轴一致，即在主惯性轴坐标系下建立单元刚度矩阵。

2. 单元刚度和元素分析

（1）轴向力

在小变形情况下，侧向位移和转角都不影响轴向力。

轴向力 F_{xi}、F_{xj} 仅与轴向位移 u_i、u_j 有关，据虎克定律 $F_{xi} = \dfrac{AE}{l}(u_i - u_j)$，故可得单元刚度矩阵第 1 列元素和第 7 列元素分别为

$$\left[\frac{AE}{l} \quad 0 \quad 0 \quad 0 \quad 0 \quad 0 \quad -\frac{AE}{l} \quad 0 \quad 0 \quad 0 \quad 0 \quad 0\right]^{\mathrm{T}} \tag{3-7}$$

和

$$\left[-\frac{AE}{l} \quad 0 \quad 0 \quad 0 \quad 0 \quad 0 \quad \frac{AE}{l} \quad 0 \quad 0 \quad 0 \quad 0 \quad 0\right]^{\mathrm{T}} \tag{3-8}$$

（2）扭矩

作用于梁上的扭矩 M_{xi}、M_{xj} 仅与扭转角 θ_{xi}、θ_{xj} 有关。设 $\theta_{xj} = 0$，$\theta_{xi} \neq 0$，则

$$\frac{\mathrm{d}\theta}{\mathrm{d}x} = -\frac{M_{xi}}{GJ} \tag{3-9}$$

或

$$\theta = -\frac{M_{xi}}{GJ}x + C_1$$

当 $x = l$ 时，$\theta = 0$，则 $C_1 = \dfrac{M_{xi}}{GJ}$，

$$\theta = \frac{M_{xi}}{GJ}(l - x)$$

当 $x = 0$ 时，$\theta = \theta_{xi}$，由上式得：

$$M_{xi} = \frac{GJ}{l}\theta_{xi}$$

利用扭转平衡条件，可得：

$$M_{xj} = -M_{xi} = -\frac{GJ}{l}\theta_{xi}$$

故可得第 4 列元素和第 10 列元素：

$$\left[\begin{array}{cccccccccccc} 0 & 0 & 0 & \dfrac{GJ}{l} & 0 & 0 & 0 & 0 & 0 & -\dfrac{GJ}{l} & 0 & 0 \end{array}\right]^{\mathrm{T}} \tag{3-10}$$

$$\left[\begin{array}{cccccccccccc} 0 & 0 & 0 & -\dfrac{GJ}{l} & 0 & 0 & 0 & 0 & 0 & \dfrac{GJ}{l} & 0 & 0 \end{array}\right]^{\mathrm{T}} \tag{3-11}$$

（3）XZ 平面内的弯曲和剪切

在网壳结构中，一般杆件是细长的，剪切变形的相互影响可忽略不计，如图 3-17 所示。

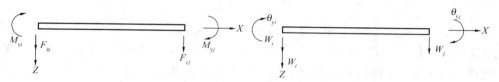

图 3-17　杆单元受力图

令 $w_i = 1$，$\theta_{yi} = \theta_{yj} = w_j = 0$，则根据结构力学知识有：

$$F_{zi} = \frac{12EI_y}{l^3}, \quad M_{yi} = \frac{6EI_y}{l^2}, \quad F_{zj} = \frac{12EI_y}{l^3}, \quad M_{yj} = \frac{6EI_y}{l^2}。$$

令 $\theta_{yi} = 1$，$w_i = w_j = \theta_{yj} = 0$，则根据结构力学知识：

$$F_{zi} = \frac{6EI_y}{l^2}, \quad M_{yi} = \frac{4EI_y}{l}, \quad F_{zj} = -\frac{6EI_y}{l^2}, \quad M_{yj} = \frac{2EI_y}{l}。$$

同理当 $w_j = 1$ 及 $\theta_{yj} = 1$ 而产生的节点力同理可求。

故单元刚阵的第 3 例，第 5 列，第 9 列，第 11 列元素分别为：

$$\left[\begin{array}{cccccccccccc} 0 & 0 & \dfrac{12EI_y}{l^3} & 0 & \dfrac{6EI_y}{l^2} & 0 & 0 & 0 & -\dfrac{12EI_y}{l^3} & 0 & \dfrac{6EI_y}{l^2} & 0 \end{array}\right]^{\mathrm{T}} \tag{3-12}$$

$$\left[\begin{array}{cccccccccccc} 0 & 0 & \dfrac{6EI_y}{l^2} & 0 & \dfrac{4EI_y}{l} & 0 & 0 & 0 & -\dfrac{6EI_y}{l^2} & 0 & \dfrac{2EI_y}{l} & 0 \end{array}\right]^{\mathrm{T}} \tag{3-13}$$

$$\left[\begin{array}{cccccccccccc} 0 & 0 & -\dfrac{12EI_y}{l^3} & 0 & -\dfrac{6EI_y}{l^2} & 0 & 0 & 0 & \dfrac{12EI_y}{l^3} & 0 & -\dfrac{6EI_y}{l^2} & 0 \end{array}\right]^{\mathrm{T}} \tag{3-14}$$

$$\left[\begin{array}{cccccccccccc} 0 & 0 & \dfrac{6EI_y}{l^2} & 0 & \dfrac{2EI_y}{l} & 0 & 0 & 0 & -\dfrac{6EI_y}{l^2} & 0 & \dfrac{4EI_y}{l} & 0 \end{array}\right]^{\mathrm{T}} \tag{3-15}$$

（4）XY 平面内的弯曲与剪切

与（3-12）~（3-15）分析同理，可得单元刚阵的第 2、6、8、10 列元素。

$$\left[0 \quad \frac{12EI_z}{l^3} \quad 0 \quad 0 \quad 0 \quad \frac{6EI_z}{l^2} \quad 0 \quad -\frac{12EI_z}{l^3} \quad 0 \quad 0 \quad 0 \quad \frac{6EI_z}{l^2} \right]^{\mathrm{T}} \tag{3-16}$$

$$\left[0 \quad \frac{6EI_z}{l^2} \quad 0 \quad 0 \quad 0 \quad \frac{4EI_z}{l} \quad 0 \quad -\frac{6EI_z}{l^2} \quad 0 \quad 0 \quad 0 \quad \frac{2EI_z}{l} \right]^{\mathrm{T}} \tag{3-17}$$

$$\left[0 \quad -\frac{12EI_z}{l^3} \quad 0 \quad 0 \quad 0 \quad -\frac{6EI_z}{l^2} \quad 0 \quad \frac{12EI_z}{l^3} \quad 0 \quad 0 \quad 0 \quad -\frac{6EI_z}{l^2} \right]^{\mathrm{T}} \tag{3-18}$$

$$\left[0 \quad \frac{6EI_z}{l^2} \quad 0 \quad 0 \quad 0 \quad \frac{2EI_z}{l} \quad 0 \quad -\frac{6EI_z}{l^2} \quad 0 \quad 0 \quad 0 \quad \frac{4EI_z}{l} \right]^{\mathrm{T}} \tag{3-19}$$

（5）单元刚度矩阵

空间梁单元主惯性坐标系中的有限元基本方程为：

$$K_e \cdot U_e = F_e \tag{3-20}$$

其中 U_e、F_e 见式（3-5）、式（3-6），K_e 为梁单元主惯性坐标系中的空间梁单元的弹性刚度矩阵。它们可由式（3-7）、式（3-8）、式（3-10）、式（3-11）及式（3-12）～式（3-19）组成，单元刚度矩阵 $[Ke]$ 的表达式详见本章后的附注。

3. 坐标变换

在主惯性坐标系向整体坐标系转换中，还要注意到，前者的坐标系的三个坐标分别位于梁的中和轴和二个主惯性轴，即此时坐标系定义在截面主惯性系，若出现主惯性系与局部坐标系不重合，还必须经过将主惯性轴坐标系向局部坐标系的转化，再向整体坐标系的转化。

设截面主惯性系与局部坐标系的变换矩阵为 T_1，局部坐标向整体坐标系变换矩阵为 T_2。

$$T_1 = \begin{bmatrix} 1 & 0 & 0 \\ 0 & \cos\alpha & -\sin\alpha \\ 0 & \sin\alpha & \cos\alpha \end{bmatrix} \tag{3-21}$$

式中，α 为主惯性坐标系与局部坐标系的旋转角，注意到此时两坐标系都是以中和轴为其一个坐标的。

当 $\alpha = 0$，即两坐标系重合时，T_1 为单位矩阵，即只需将主惯性坐标系直接转化为整体坐标系。

$$T_2 = \begin{bmatrix} l_1 & m_1 & n_1 \\ l_2 & m_2 & n_2 \\ l_3 & m_3 & n_3 \end{bmatrix} \tag{3-22}$$

其中，l_i、m_i、n_i（$i = 1, 2, 3$）为单元局部坐标系与整体坐标系的方向余弦。

设 P、U 为整体坐标系下的节点力向量和节点位移向量，设

$$R = \begin{bmatrix} T_1 T_2 & & & \\ & T_1 T_2 & & \\ & & T_1 T_2 & \\ & & & T_1 T_2 \end{bmatrix} \tag{3-23}$$

则
$$U_e = RU \tag{3-24}$$

$$F_e = RP \tag{3-25}$$

将式（3-23）～式（3-25）代入式（3-20），得结构整体坐标系下的单元有限元基本方程：

$$KU = P \tag{3-26}$$

其中
$$K = R^T K_e R \tag{3-27}$$

为整体坐标系的单元刚度矩阵。

与平板网架分析类似，只需将各单元刚度矩阵集合组装，就集合为结构前刚度矩阵，引入边界条件，对总刚方程修正并求解，即可求得节点位移和各杆件的内力值。

3.2.4 斜边界约束及处理方法

若边界的约束方向与整体坐标一致，可以采用 2.5.4 中的方法来处理边界的弹性约束、有强迫位移的情况或固定约束的情况。在网壳结构中，由于网壳的曲面特征，大部分的边界采用的是斜边界。这样，就不能在总刚度方程中直接引入斜边界的约束条件。为此，我们做一变换，即在斜边界节点处建立与支座约束方向一致的局部坐标系（如图2-29），可经类似式（2-25）～式（2-33）的变换，在斜边界点处直接将约束条件引入总刚度方程求解未知位移（请读者自行推导）。网壳结构的支承必须保证在任意竖向和水平荷载作用下结构的几何不变性和各种网壳计算模型对支承条件的要求。还要注意的是，当安装和使用阶段支承情况不一致时，应就不同支承形式进行施工验算。

我国有关网架、网壳结构的分析软件比较成熟，很多科研院所都开发了功能强大、处理问题简便实用的设计软件。如中国建筑科学研究院结构所开发的 MSGS 软件系统，集前处理数据自动生成、结构计算、优化设计、施工图及零件加工图为一体，并经过了大量工程实践的检验，可以进行在各种工况下强度、刚度和稳定性分析与设计。

3.3 网壳结构的稳定性计算

3.3.1 网壳结构的失稳现象

对多数结构，可用线性分析来预测结构特征的安全性。可是对于单层网壳这种非线性结构来说，线性分析得到的结构体系位移会小于真实位移，是偏不安全的，这已为大量的实验所验证。在荷载作用下的线性分析，结构在一定范围内安全是有保障的，但是在实际问题中往往存在位移过大和稳定问题。具体地说，网壳结构这一现象分为两类，即局部失稳和整体失稳，前者结构局部刚度出现软化、消失，此时，在荷载与位移的对应关系中会突然偏离平衡位置，产生一个动态跳跃（称为跃越失稳或跃越屈曲），局部出现很大的几何变位。而整体失稳是整个结构突然屈曲至完全不同于初始软化形状的变形形式，出现偏离平衡位置的大位移。局部失稳往往是局部的高集中荷载作用或局部缺陷造成的，像单杆失稳，点失稳（围绕结构某一节点的范围内）；而整体失稳往往是从局部失稳开始逐渐形成的。现举一个大跨度网壳结构倒坍的例子来说明稳定分析的重要性。布加勒斯特展览馆，一个带有天窗的单层穹顶网壳结构，直径 93.5m，在 1961 年 1 月 30 日晚，建成才 17 个月，在大风大雪作用下倒塌，测得总雪荷载为 1961kN，分布面积为 1000m²，均布荷载仅占到设计荷载的 30%，但由于它作用在天窗架附近和穹顶底部的局部区域（达到 3.4kN/m²），在风雪作用下出现了壳体的局部跃越失稳，并迅速影响其他区域造成失稳的连续扩展，使穹顶由正常位置倾覆反转过去。结构稳定分析的重要性与方法的准确性越来越得到工程界的重视。目前，非线性理论在网壳稳定性分析中得到了广泛的采用，它不但可以考虑材料的非线性，而且能够考虑结构变形的影响，动态地分析荷载位移的不断变化的平衡关系，可以反映应变中高阶量的影响以及初应力对结构刚度的增加或削弱，甚至可以把结构的初始缺陷计入。

3.3.2　网壳结构的稳定性计算

1. 影响网壳结构失稳的因素

影响网壳稳定性的因素极为复杂，除与网壳结构的非线性性能有关外，结构的形状、材料缺陷、节点刚度、构件制造安装误差、支承条件、荷载类型都会影响网壳结构的稳定性。网壳结构对材料的初始缺陷有较强的敏感性，初始缺陷的存在极大地削弱了网壳结构的承载能力。这种缺陷产生的原因很多，如结构外形由于施工原因造成的几何偏差；杆件的初偏心或初弯曲引起的初应力；施工安装偏差造成荷载作用点偏差或初弯曲以及支座位置偏差；材料本身的缺陷造成中和轴偏位等。设计人员了解网壳结构的失稳因素是非常重要的，他就可以通过调整设计方案来加强结构的稳定性性能，全面地分析影响结构稳定性因素，更安全、更合理地设计出考虑不同工况下的网壳结构。可以通过调整支座数量、约束刚度来加强结构整体稳定，还可以通过加强节点刚度来改变结构的稳定性，顺便指出的是，对于单层网壳来说，节点应设计成刚性节点，即使是双层网壳节点，其嵌固能力加强也可以改善网壳结构的强度、刚度和稳定性。大跨结构一般均设计成轻型结构，即其自重占荷载比例较小，因此在网壳结构中风荷载、雪荷载就成为设计的主要荷载，而这种可变荷载作用的可变性造成的荷载的复杂组合，可能造成集中荷载、半跨不对称荷载等，这些工况在单层网壳的稳定分析中更加突出。

2. 网壳结构稳定性计算的规定

分析表明，单层网壳和厚度较小的双层网壳均存在着局部壳面失稳和整体失稳的可能，设计某些单层网壳时，稳定性还可能起控制作用。因此，单层球面网壳、柱面网壳和椭圆抛物面网壳以及较薄的双层圆柱面网壳（厚度小于波长的 1/50），双层球面网壳（厚度小于跨度的 1/60），双层双曲抛物面网壳（厚度小于短边的 1/50），均应进行稳定性计算。

恒载加半跨活荷载作用，对圆柱面网壳，特别是椭圆抛物面网壳稳定性影响较大，在设计中应予考虑。

网壳的稳定性计算可按几何非线性的荷载——位移全过程有限元分析为基础，求得第一个临界点处的荷载值，作为该网壳的极限承载力。将极限承载力除以系数 K 后，即为按网壳稳定性确定的容许承载力（标准值）。系数 K 可取为 5。全过程分析采用的迭代方程为：

$$K_t \Delta U^{(i)} = F_{t+\Delta t} - S_{t+\Delta t}^{(i-l)} \qquad (3\text{-}28)$$

式中　　　　K_t——t 时刻结构的切线刚度矩阵；

$\Delta U^{(i)}$——当前位移的迭代增量；

$F_{t+\Delta t}$ 和 $S_{t+\Delta t}^{(i-l)}$——分别是 $(t + \Delta t)$ 时刻外部所施加的节点荷载向量和相应的杆件定点内力向量。

进行网壳全过程分析时应考虑初始曲面形状的安装偏差的影响；可采用结构的最低阶屈曲模态作为初始缺陷分布模态，其最大计算值可按网壳跨度的 1/300 取值。

当单层球面网壳跨度小于 45m，单层圆柱面网壳宽度小于 18m，单层椭圆抛物面网壳跨度小于 30m，或仅对网壳稳定性进行初步计算时，其容许承载标准值 $[n_{ks}]$ (kN/m^2) 可按下面的方法计算。

3. 网壳结构稳定性近似计算

(1) 单层球面网壳

$$[n_{ks}] = 0.21 \frac{\sqrt{B_e D_e}}{r^2} \qquad (3\text{-}29)$$

式中　B_e——网壳的等效薄膜刚度(kN/m)[参见式(3-38)]；

D_e——网壳的等效抗弯刚度($kN \cdot m$)[参见式(3-39)]；

r——球面的曲率半径。

扇形三向网壳的等效刚度，网络尺寸和杆件截面按主肋处来计算；短程线型网壳应按三角形球面上的网络尺寸和杆件截面计算；肋环斜杆型和葵花形三向网壳应按自支承圈梁算起第三圈环梁处的网络尺寸和杆件截面进行计算。网壳径向和环向的等效刚度不相同时，可采用两个方向的平均值。

(2) 单层椭圆抛物面网壳，四边铰支在刚性横隔上

$$[n_{ks}] = 0.24\mu \frac{\sqrt{B_e D_e}}{r_1 r_2} \qquad (3\text{-}30)$$

式中　r_1、r_2——椭圆抛物面网壳两个方向的主曲率半径 (m)；

μ——考虑荷载不对称分布影响的折减系数。

$$\mu = \frac{1}{1 + 0.956 \dfrac{q}{g} + 0.076 \left(\dfrac{1}{g}\right)^2} \qquad (3\text{-}31)$$

式中，g、q 分别为作用在网壳上的恒荷载和活荷载 (kN/m^2)，式 (3-31) 中 $q/g = 0 \sim 2$。

(3) 单层圆柱面网壳

1) 当网壳为四边支承，即两纵边固定铰支 (或固接)，而两端铰支在刚性横隔上时：

$$[n_{ks}] = 14.4 \frac{D_{e11}}{r^3 (L/B)^3} + 3.9 \times 10^{-5} \frac{B_{e22}}{r(L/B)} + 15.0 \frac{D_{e22}}{(r + 3f) B^2} \qquad (3\text{-}32)$$

式中　　　　B_{e22}——网壳横向等效薄膜刚度(kN/m)[见式(3-40)]；

D_{e11} 和 D_{e22}——分别为圆柱面网壳纵向(零曲率方向)和横向(圆弧方向)的等效抗弯刚度($kN \cdot m$)[见式(3-41)]；

L、B、f、r——分别为柱面网壳的总长度、波宽、矢高和曲率半径(m)。

当柱面网壳的长宽比 $L/B \leqslant 1.2$ 时，式（3-32）表示的容许承载力尚应乘以下列考虑荷载不对称分布影响的折减系数 μ

$$\mu = 0.6 + \frac{1}{2.5 + 5\dfrac{q}{g}} \tag{3-33}$$

其中 $q/g = 0 \sim 2$。

2）当网壳仅沿两纵边支承时：

$$[n_{ks}] = 15.0 \frac{D_{e22}}{(r + 3f)B^2} \tag{3-34}$$

3）当网壳为两端支承时：

$$[n_{ks}] = \mu \left[0.013 \frac{\sqrt{B_{e11}D_{e11}}}{r^2\sqrt{L/B}} + 0.028 \frac{B_{e22}D_{e22}}{r^2(L/B)\xi} + 0.017 \frac{\sqrt{I_h I_v}}{r^2\sqrt{Lr}} \right]$$
$$\xi = 0.96 + 0.16(1.8 - L/B)^4 \tag{3-35}$$

式中　B_{e11} ——圆柱面网壳纵向等效薄膜刚度；

　　　I_h、I_v ——边梁水平方向和竖向的线刚度（kN·m）。

对于桁架式边梁，其水平方向和竖向的线刚度可按下式计算：

$$I_{h,v} = E(A_1 a_1^2 + A_2 a_2^2)/L \tag{3-36}$$

式中　A_1、A_2 ——分别为两根弦杆的面积；

　　　a_1、a_2 ——分别为相应的形心距。

两端支承的单层圆柱面网壳尚应考虑荷载不对称分布的影响，其折减系数 μ 按下式计算：

$$\mu = 1.0 - 0.2\frac{L}{B} \tag{3-37}$$

式中　$L/B = 1.0 \sim 2.5$

（4）网壳等效刚度

由于网壳结构的网格尺寸相对于结构的总体尺寸而言，是比较小的，那么可将结构比拟为连续的实体壳，且一般将网壳的一个网格单元用相当的实体单元来比拟。拟壳法通过刚度的比拟，即通过连续单元体物理条件和网格单元的物理条件建立等效的薄膜刚度和抗弯刚度，采用连续壳体较成熟的理论来分析网壳结构的稳定性。

1）扇形三向网格球面网壳主肋处的网格（方向 1 代表经向）或其他各类网壳中的单斜杆正交网格（如图 3-18a）：

$$B_{e11} = \frac{EA_1}{s_1} + \frac{EA_c}{s_c}\sin^4\alpha$$

$$B_{e22} = \frac{EA_2}{s_2} + \frac{EA_c}{s_c}\cos^4\alpha \tag{3-38}$$

$$D_{e11} = \frac{EI_1}{s_1} + \frac{EI_c}{s_c}\sin^4\alpha$$

$$D_{e22} = \frac{EI_2}{s_2} + \frac{EI_c}{s_c}\cos^4\alpha \tag{3-39}$$

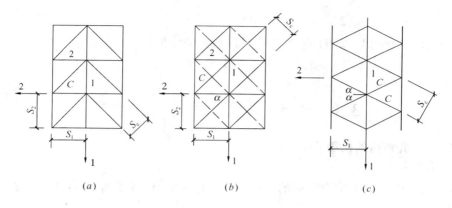

图 3-18　网壳常用网格形式

2）各类网壳中的单斜杆或交叉斜杆（带虚线）正交网格（图 3-18b）：

当为单斜杆时：采用式（3-38）、（3-39），

当为双斜杆时：

$$B_{e11} = \frac{EA_1}{s_1} + 2\frac{EA_c}{s_c}\sin^4\alpha$$

$$B_{e22} = \frac{EA_2}{s_2} + 2\frac{EA_c}{s_c}\cos^4\alpha \tag{3-40}$$

$$D_{e11} = \frac{EI_1}{s_1} + 2\frac{EI_c}{s_c}\sin^4\alpha$$

$$D_{e22} = \frac{EI_2}{s_2} + 2\frac{EI_c}{s_c}\cos^4\alpha \tag{3-41}$$

3）圆柱面网壳的三向网格（方向 1 代表给向）或椭圆抛物面网壳的三向网格（图 3-18c）：

$$B_{e11} = \frac{EA_1}{s_1} + 2\frac{EA_c}{s_c}\sin^4\alpha$$

$$B_{e22} = 2\frac{EA_c}{s_c}\cos^4\alpha \tag{3-42}$$

$$D_{e11} = \frac{EI_1}{s_1} + 2\frac{EI_c}{s_c}\sin^4\alpha$$

$$D_{e22} = 2\frac{EI_c}{s_c}\cos^4\alpha \tag{3-43}$$

式中　　B_{e11}——沿 1 方向的等效薄膜刚度，当为圆球面网壳时方向 1 代表径向，当为圆柱面网壳时代表纵向；

B_{e22}——沿 2 方向的等效薄膜刚度，当为圆球面网壳时方向 2 代表环向，当为圆柱面网壳时代表横向；

D_{e11}——沿 1 方向的等效抗弯刚度；

D_{e22}——沿 2 方向的等效抗弯刚度；

A_1、A_2、A_c——沿 1、2 方向和斜向的杆件截面面积；

S_1、S_2、S_c——沿 1、2 方向和斜向的网格间距；

I_1、I_2、I_c——沿 1、2 方向和斜向的杆件截面惯性矩；

α——沿 2 方向的杆件和斜杆的夹角。

3.4 地震作用下网壳的内力计算

3.4.1 网壳结构的抗震分析

1. 基本假定

（1）网壳的节点均为完全刚结的空间节点，每一个节点有六个自由度、三个位移、三个转角。

（2）质量集中在各节点上，仅考虑线性位移加速度引起的惯性力，不考虑角加速度引起的惯性力。

（3）作用在质点上的阻尼力与对地面的相对速度成正比，但不考虑由角加速度引起的阻尼力。

（4）支承网壳的基础按地面的地震波运动。

2. 网壳结构的抗震分析

由于网壳结构具有很强的非线性性能，因此抗震分析一般采用时程分析法，分两个阶段。第一阶段为多遇地震作用下的分析。网壳在多遇地震作用时应处于弹性阶段，因此应作弹性时程分析，根据求得的内力，按荷载组合的规定进行杆和节点的设计。二是为罕遇地震作用下的分析。网壳在罕遇地震作用下处于弹塑性阶段，因此应作弹塑性时程分析用以校核网壳结构的位移以及是否会发生倒塌。

采用时程分析法时，宜按烈度、近远震和场地类别选用适当数量的实际记录或人工模拟的加速度时程曲线。所选地震波的卓越周期应与建筑场地特征周期值接近，加速度曲线幅值应根据设防烈度的加速度峰值进行调整。

按时程分析法分析时，其动力平衡方程为：

$$M\ddot{U} + C\dot{U} + KU = M\ddot{U}_g \tag{3-44}$$

式中 M、C、K——网壳结构的质量矩阵、阻尼矩阵和刚度矩阵，对于周边固定铰支承的网壳结构其阻尼比可取 0.002；

$\ddot{U}$、$\dot{U}$、U——网壳节点在整体坐标系下的加速度、速度和位移向量；

$\ddot{U}_g$——地面地震运动加速度向量。

在对网壳结构进行地震效应计算时可以采用振型分解反应谱法，则网壳结构 j 振型，i 质点的水平或竖向地震作用标准值应按下式确定：

$$\begin{aligned}
F_{EKX_{ji}} &= \eta\, \alpha_j \gamma_j X_{ji} G_i \\
F_{EKY_{ji}} &= \eta\, \alpha_j \gamma_j Y_{ji} G_i \\
F_{EKZ_{ji}} &= \eta\, \alpha_j \gamma_j Z_{ji} G_i
\end{aligned} \tag{3-45}$$

式中 $F_{EKX_{ji}}$、$F_{EKY_{ji}}$、$F_{EKZ_{ji}}$——j 振型、i 质点分别沿 X、Y、Z 方向地震作用标准值；

η ——阻尼比影响系数，可取 1.5；

G_i —— i 质点的重力荷载代表值；

α_j ——相应于 j 振型自振周期的水平地震影响系数，按《建筑抗震设计规范》（GB 50011—2001）确定。竖向地震影响系数 α_{vj} 取 $0.65\alpha_j$；

X_{ji}、Y_{ji}、Z_{ji} ——分别为 j 振型、i 质点的 X、Y、Z 方向的相对位移坐标；

γ_j —— j 振型参与系数。

当计算水平抗震时，j 振型参与系数按下式计算：

$$X\ \text{方向}：\gamma_{E_{xj}} = \frac{\sum\limits_{i=1}^{n} X_{ji}G_i}{\sum\limits_{i=1}^{n}(X_{ji}^2 + Y_{ji}^2 + Z_{ji}^2)G_i} \qquad (3\text{-}46)$$

$$Y\ \text{方向}：\gamma_{E_{yj}} = \frac{\sum\limits_{i=1}^{n} Y_{ji}G_i}{\sum\limits_{i=1}^{n}(X_{ji}^2 + X_{ji}^2 + Z_{ji}^2)G_i} \qquad (3\text{-}47)$$

当计算竖向抗震时，j 振型参与系数按下式计算：

$$\gamma_{E_{v_i}} = \frac{\sum\limits_{i=1} Z_{ji}G_i}{\sum\limits_{i=1}^{n}(X_{ji}^2 + Y_{ji}^2 + Z_{ji}^2)G_i} \qquad (3\text{-}48)$$

其中 n 为网壳节点数。

按振型分解反应谱法分析时，网壳水平或竖向地震作用效应可按下式计算

$$N_i = \sqrt{\sum_{j=1}^{m} N_{ij}^2} \qquad (3\text{-}49)$$

式中 N_i ——第 i 杆水平或竖向地震作用效应；

N_{ij} ——第 j 振型第 i 杆水平或竖向地震作用效应；

m ——计算中考虑的振型数。

3.4.2 地震作用下网壳结构的内力计算

1. 地震作用下网壳结构的内力计算的规定

对于 7 度抗震设防区，可不进行网壳结构竖向抗震计算。对设防烈度为 8 度、9 度地区必须进行网壳结构的水平与竖向抗震计算。对网壳结构进行地震效应计算时可以利用振型分解反应谱法；对于体型复杂或重要的大跨度网壳结构，应利用时程分析进行补充计算。在抗震分析时，宜考虑支承结构对网壳的实际约束刚度。对于网壳的支承结构应按有关规定进行抗震计算。

2. 地震作用下网壳结构内力计算的简化方法

（1）对于轻屋盖单层网壳结构，当按 7 度设防，在Ⅲ类场地上进行多遇地震效应计算时，周边固定铰支承球面网壳及四角铰支承带边梁的单块扭网壳的水平地震作用标准值可

按下式确定：

$$F_{EK_i} = | \psi_E G_i |$$ (3-50)

式中 F_{EK_i}——作用在网壳第 i 节点上水平地震作用标准值；

G_i——网壳第 i 节点重力荷载代表值，其中恒荷载取 100%，雪荷载及屋面积灰取 50%，不考虑屋面活荷载；

ψ_E——水平地震作用系数，按表 3-1 采用。

单层网壳水平地震作用系数 φ_E 值   表 3-1

网壳类型 \ 矢跨比	0.167	0.200	0.250	0.300
单层球面网壳	0.280	0.400	0.520	0.650
单层块扭壳	—	0.120	0.280	0.420

注：本表系数适用于Ⅲ类场地、7度多遇地震。

对Ⅰ类、Ⅱ类、Ⅳ类场地情况，当结构基本周期大于场地特征周期 T_g 时，应将地震作用系数 ψ_E 乘以场地修正系数 C，C 值按表 3-2 采用。

场地修正系数 C 表 3-2

场地类别	Ⅰ	Ⅱ	Ⅲ	Ⅳ
场地修正系数	0.54	0.75	1.0	1.55

（2）对于沿两纵边固定铰支、两端铰支在刚性横隔上的正交正放四角锥轻屋盖双层圆柱面网壳结构，当按 7 度设防、在Ⅲ类场地上进行多遇地震效应计算时，其横向弦杆及腹杆的地震作用标准值产生的轴向力 N_E 可由静荷载标准值产生的轴向力 N_S 乘以地震内力系数 ζ_1 求得，即

$$N_E = \zeta_1 N_S$$ (3-51)

纵向弦杆可取等截面设计，其杆件地震作用标准值产生的轴向力 N_E 可按各纵向弦杆的最大静载标准值产生的轴向力 N_{Smax} 乘以地震内力系数 ζ_2 求得，即

$$N_E = \zeta_2 N_{Smax}$$ (3-52)

其中 ζ_1 及 ζ_2 按表 3-3 采用。

双层圆柱面网壳地震内力系数值   表 3-3

系数	杆件类型	图示	矢 跨 比 0.167	0.200	0.250	0.300
ζ_1 横向上下弦杆	沿纵向中部 1/2 跨度内的横向弦杆	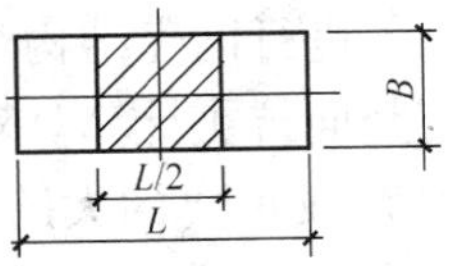	0.24	0.32	0.42	0.60
	沿纵向两端 1/4 跨度内的横向弦杆	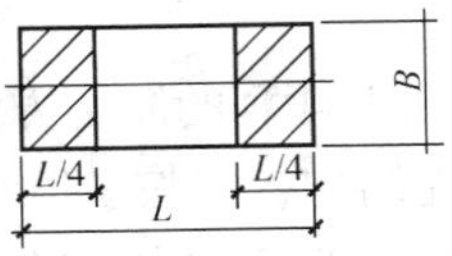	0.16	0.22	0.28	0.42

系数	杆件类型		图示	矢跨比	0.167	0.200	0.250	0.300
ζ_1	腹杆	沿周边一个网格的腹杆			0.52			
		其他腹杆			0.26			
ζ_2	纵向	上弦杆			0.18	0.32	0.56	0.80
		下弦杆			0.10	0.16	0.24	0.34

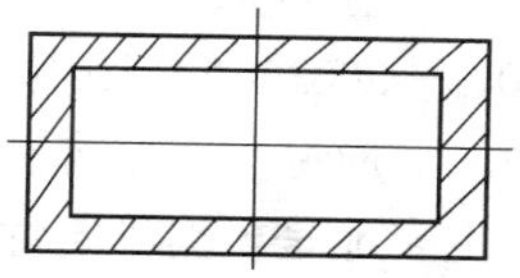

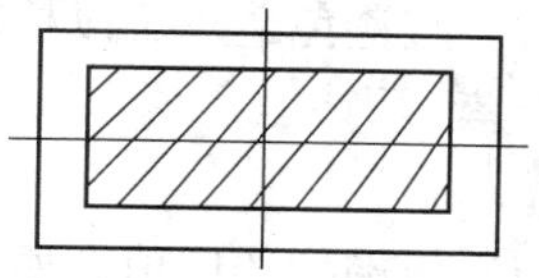

注：本表系数适用于Ⅲ类场地、7度多遇地震。同样，对Ⅰ、Ⅱ、Ⅳ类场地也需对地震内力 ζ_1、ζ_2 乘以表3-2的场地修正系数 C 进行修正。

3.5 网壳结构设计与构造

3.5.1 概述

网壳结构的设计，除应遵守一般设计要求和执行现行的规范和规程外，还特别要注意特殊性。网壳结构除了要进行强度计算外，大多应进行结构的稳定分析，保证不发生结构的局部失稳或整体失稳。结构的局部跳跃失稳是分析的重点，它会引起结构整体更严重的后果。在设计中，可以对恒载、非对称活载以及在非对称加载区域的任何集中荷载作出分析，确定节点是否有任何较大的相对位移，以此来对结构的稳定性能提供判断依据。通常在结构计算中，杆件和节点的坐标是在原坐标值下进行。若网壳结构某些部分是不稳定的，则杆件和节点在非对称荷载作用下产生的位移相当大，由此产生几何形状的变化。因此，更进一步的分析，设计者还可以通过逐级增加荷载，并且每次都是根据坐标 X、Y、Z 的变化来修改节点几何位置。开始时增量可以施加整个结构的荷载，然后不断地施加非对称荷载，并绘制出这些位移与荷载的增量间的关系曲线，若出现发散的非线性的挠曲线，则表明结构可能出现不稳定的状态。单层网壳由于其抗弯性能差，很容易发生跳跃失稳，在设计中，提高单层网壳杆件的截面惯性矩，能有效地抵抗跳跃失稳。此外在稳定分析时，不能采用分块或对称性的利用，它会引起约束刚度很大的误差，因为切口的施加约束一般比原结构的约束大，也即人为地增强结构的稳定性。

在网壳结构设计中必须较为准确、安全地确定节点对杆件的约束性能，否则会带来杆件计算长度的误差。此外网壳结构的边界条件在设计中是非常突出的，它与支座节点的构造和下部支承结构有关，边界条件的改变往往会带来分析结果本质的变化，这与平面结构有很大的不同，设计者必须加以重视。

3.5.2 杆件设计

1. 管材的选用

在单层网壳设计时，为了增加截面的惯性矩，可以采用普通型钢和薄壁型钢；管材应采用高频焊管或无缝钢管，当有条件时应采用薄壁管型截面。杆件的钢材应按国家标准《钢结构设计规范》（GB 50017—2003）的规定采用，一般不用厚壁管材，这是因为网壳结构杆件主要不是由强度控制的。应尽量采用有利于减小杆件长细比的薄壁管材。网壳杆件的截面不仅根据强度确定，更多地是根据稳定性来确定的。网壳杆件截面的最小尺寸必须与网壳的跨度及网格大小相匹配，但钢管不宜小于 $\phi45 \times 3$，普通型钢不宜小于 L50 $\times$ 3。

网壳杆件在构造设计时，宜避免造成难以检查、清刷、油漆以及积留湿气或灰尘的死角，钢管端部应进行封闭。

2. 杆件计算长度

双层网壳的计算长度与平板网架的取值有所不同，这是因为双层网壳中大多数上、下弦杆均受压，它们对腹杆的转动约束要比网架小，因此对焊接空心球节点和板节点的双层网壳的腹杆计算长度作了调整，取 $0.9L$，见表 3-4。

双层网壳杆件计算长度 L_0　　表 3-4

杆　件	节　点		
	螺栓球	焊接空心球	板节点
弦杆及支座腹杆	L	$0.9L$	L
腹　杆	L	$0.9L$	$0.9L$

注：L 为杆件几何长度（节点中心距离）。

单层网壳节点是刚接的，在壳体曲面内、外的屈曲模态不同，因此其杆件在壳体曲面内、外的计算长度也不同。在壳体曲面内，壳体屈曲模态类似于无侧移的平面刚架。由于空间汇交的杆件较少，因此相邻杆件对压杆约束作用不大，这样其计算长度主要取决于节点对杆件的约束作用。根据我国的试验研究，考虑焊接空心球节点对杆件的约束作用时单层网壳曲面内杆件计算长度可取：

$$L_0 = 0.9L \tag{3-53}$$

在壳体曲面外，壳体有整体屈曲和局部凹陷两种屈曲模态，在规定杆件计算长度时，仅考虑了局部凹陷一种屈曲模态（当然是偏安全的）。由于网壳环内（纵向）杆件可能受压、受拉或内力为零，因此其横向压杆的支承作用不确定，在考虑压杆计算长度时，可以不计其影响，而仅考虑压杆远端的横向杆件给予的弹性转动约束，经简化计算，并适当考虑节点的约束作用，单层网壳曲面外计算长度为：

$$L_0 = 1.6L \tag{3-54}$$

3. 网壳杆件的长细比

统计已建成的单层网壳的压杆的计算长细比一般在 60～150 之间。考虑到网壳结构主要由受压杆件组成，压杆太柔会造成杆件初弯曲等几何初始缺陷，对网壳的整体稳定形成不利影响；另外杆件的初始弯曲会引起二阶力的作用。因此，单层网壳杆件长细比按照《钢结构设计规范》的有关规定取 $\lambda \leqslant 150$。网壳结构的受拉杆件比较少，这些较少的拉杆除要保证自身强度外，还要为压杆提供一定的约束。因此要求拉杆截面不能太小，取 $\lambda \leqslant 300$。网壳杆件的长细比不宜超过表 3-5 中的规定数值。

3.5.3 节点设计

1. 焊接空心球节点

（1）焊接空心球节点承载力的计算

网壳杆件的容许长细比 [λ]

表 3-5

网壳类别	受压杆件和压弯杆件	受拉杆件和拉弯杆件	
		承载静力荷载	直接承载动力荷载
双层网壳	180	300	250
单层网壳	150	300	—

焊接空心球节点在我国广泛应用于网架结构工程，设计、制作和安装技术都比较成熟。这种节点在构造上比较接近于刚接计算模型。

当空心球直径为 120~900mm 时，其受压和受拉承载力设计值 N_R 可按下式计算：

$$N_R = \left(0.32 + 0.6\frac{d}{D} \right)\eta_d\pi tdf \tag{3-55}$$

式中　D——空心球的外径（mm）；

　　　d——与空心球相连的圆钢管杆件的外径（mm）；

　　　t——空心球壁厚（mm）；

　　　f——钢材的抗拉强度设计值（N/mm²）；

　　　η_d——加肋承载力提高系数，受压空心球加肋采用 1.4，受拉空心球加肋采用 1.1。

对单层网壳结构，由于节点设计按刚接考虑，故其杆端除承受轴向力外，尚有弯矩、扭矩及剪力作用。在单层球面及柱面网壳中，由于弯矩作用在杆与球面接触面产生的附加正应力一般可增加 20%~50%，而且单层网壳多为稳定控制，由于稳定性要求，往往会增大杆件的钢管直径，这将导致空心球承载力提高，使空心球壁厚减小，这对节点设计为刚接是不利的。因此，在设计时需考虑受弯的影响。节点承载力相应折减。空心球承压弯和拉弯的承载力设计值 N_m 可按下式计算：

$$N_m = \eta_m N_R \tag{3-56}$$

式中　η_m——考虑空心球受压弯或拉弯作用的影响系数，可采用 0.8。

（2）焊接空心球构造要求

为了可靠地传递杆件内力，以及使空心球能有效地布置所连接的圆管杆件，焊接空心球满足以下构造要求：

1）单层网壳空心球的壁厚与外径之比宜 ≥ 1/35；双层网壳空心球的壁厚与外径之比宜取 1/45~1/25。钢管壁厚宜取球壁厚的 1/2~1.5。钢管外径与其连接的空心球外径之比宜选用 1/3~1/2.4。空心球壁厚不宜小于 4mm。

2）无肋空心球和有肋空心球的成型对接焊缝，应分别满足图 2-52 的要求。加肋空心球的肋板可用平台或凸台，采用凸台时，其高度不得大于 1mm。

3）钢管杆件与空心球连接，钢管应开坡口。在钢管与空心球之间应留有一定缝隙予以焊透，以实现焊缝与钢管等强，否则应按角焊缝计算。为保证焊缝质量，钢管端头可加套管与空心球焊接（图 2-52）。

角焊缝的焊脚尺寸 h_f 应符合以下要求：当钢管壁厚 $t_c \leqslant 4mm$ 时，$h_f \leqslant 1.5t_c$；当钢管壁厚 $t_c > 4mm$ 时，$h_f \leqslant 1.2d$。

对双层网壳，当节点汇交杆件较多时，容许部分杆件相贯连接，但必须满足以下要求：

①汇交杆件的轴线必须通过球体中心线。

②相贯连接的两杆中，截面积大的主杆件必须全截面焊在球上（当两杆截面相等时，取拉杆为主杆件），另一杆件则坡口焊在主杆上，但必须保证有 3/4 截面焊在球上，并以加劲肋板补足削弱的面积。

当空心球外径≥300mm且杆件内力较大时，可设加劲环肋，以提高其承载力，环肋的厚度不应小于球壁的厚度。加劲环肋应设置在内力较大杆件的轴线平面内。

2. 螺栓球节点

利用高强度螺栓将钢管杆件与螺球连接而成的螺栓球节点（图 2-43），在构造上比较接近于铰接计算模型，因此它适用于双层网壳中钢管杆件的连接，不得直接应用于单层网壳。

用于制造螺栓球节点钢球、封板、套筒、销子或螺钉的材料及构造要求见《网架结构设计与施工规程》（JGJ 7—91）。

（1）钢球直径

一般仍采用式（2-54）、式（2-55）来选择钢球直径，但在网壳结构中，由于其曲面特征，杆件相交角度很小，当相邻杆件角 $\theta < 30°$ 时，为保证相邻两根杆件（采用封板连接的钢管）不相碰，选取钢球直径 D 尚需满足下列要求：

$$D \geqslant \sqrt{\left(\frac{d_2}{\sin\theta} + D_1 \mathrm{ctg}\theta\right)^2 + D_1^2} - \sqrt{l_s^2 + \left[\frac{D_1 - \eta d_1}{2}\right]^2} \tag{3-57}$$

式中　l_s——套筒长度。其余尺寸参见（图 2-44）。

（2）高强螺栓

根据我国高强螺栓生产的实际情况，国家标准《钢网架螺栓球节点用高强螺栓》（GB/T16939）将高强螺栓等级按照其直径大小分为 10.9S 与 8.8S 两个等级。当螺栓直径较小（M12-M36）时，其截面芯部能淬透，因此在此直径范围内的高强度螺栓性能等级定为 10.9S。对大直径高强度螺栓（M39-M64×4），由于芯部不能淬透，从稳妥、可靠、安全出发将其性能等级定为 8.8S。

每个高强度螺栓的抗拉设计承载力 N_{Rt}^b 应按下式计算

$$N_{Rt}^b = A_{eff} f_t^b \tag{3-58}$$

式中　f_t^b——高强度螺栓经热处理后的抗拉设计强度，对10.9S，取430N/mm²；对8.8S，取 375N/mm²；

$\quad\quad A_{eff}$——高强度螺栓的有效截面面积，可按表 3-6 选取。当螺栓上钻有键槽或钻孔时，A_{eff}值取螺栓处或键槽、钻孔处二者中的较小值。

受压杆件的螺栓，主要起连接作用，杆件的轴向压力主要通过套筒端面承压来传递的，因此，可按设计内力绝对值求得螺栓后，按表 3-6 的螺栓直径系列减少 1—3 个级差，但必须保证套筒任何截面均具有足够的抗压强度。

常用螺栓在螺纹处的有效截面面积 A_{eff} 表 3-6

d（mm）	M12	M14	M16	M18	M20	M22	M24	M27	M30	M33	M36
A_{eff}（mm²）	84.3	115	157	192	245	303	353	459	561	694	817

d（mm）	M39	M42	M45	M48	M52	M56×4	M60×4	M64×4
A_{eff}（mm²）	967	1120	1310	1470	1760	2144	2485	2851

（3）封板与锥头

封板与锥头的计算宜考虑塑性的影响，其底板厚度都不应太薄，否则在较小荷载作用下即可能使塑性区在底板处贯通，降低承载力，表3-7推荐的底部厚度是根据一些生产厂家的试验结果与实践经验而确定的。

封板及锥头底部厚度   表 3-7

螺 纹 规 格	封板/锥底厚度（mm）	螺 纹 规 格	锥底厚度（mm）
M12、M14	14	M36-M42	35
M16	16	M45-M52	38
M20-M24	18	M56-M60	45
M27-M33	23	M64	48

3. 支座节点

支座节点应采用传力可靠、连接简单的构造形式，并应符合计算假定，使网壳结构支座节点的构造与结构分析所取的边界条件相等，否则将使结构的实际内力与计算内力出现较大差异，并可能因此而危及网壳结构的整体安全。网壳支座节点可根据计算假定选用固定铰支座、弹性支座、刚性支座以及沿指定方向产生线位移的滚轴支座。

由于网壳结构的下部支承结构（如框架、砖墙等）在垂直于平面投影方向常具有较大的支承刚度，同时支座本身也具有较大的竖向刚度，因此一般可认为沿边界的竖向为固定约束。而在边界的水平方向，随着支承结构水平刚度的不同，可能存在各种水平约束条件。如下部支承结构具有较强的抗侧刚度，边界取为法向约束，则可使网壳的边界条件与网壳支座的工作状态相吻合。如果放松边界的法向约束，结构的支座节点会沿边界法向产生较大的水平位移，杆件内力可能由上、下弦均受压转变为上弦受压、下弦受拉，网壳也就改变了受力特性。因此网壳结构支座节点的型式必须根据结构分析所假定的边界条件合理地选择（表3-8）。

网壳边界水平约束条件   表 3-8

下部结构支承条件	直 接 落 地			支承于框架或砖墙上		
支座水平刚度条件	固定铰	弹性支承	滚轴支座	固定铰	弹性支承	滚轴支座
边界水平刚度条件	二向固定	二向弹性	法向自由	法向弹性	二向弹性	法向自由

（1）固定铰支座

固定铰支座允许节点可以转动但不能产生位移，适用于仅要求传递轴向力与剪力的单层或双层网壳的支座节点。

1）球铰支座［图3-19（a）］。所示球铰支座是将一个固定在过渡板上的实心半球与一个连接于支座底板上的半球凹槽相嵌合，并用四根锚栓固定（锚栓螺母下加设弹簧）而形成的一种典型的固定铰支座。这种节点与固定铰计算模型较吻合，但构造较复杂，适用于大跨度或点支承的网壳结构。

2）弧形铰支座［图3-19（b）］。弧形铰支座是将单面弧形垫板倒置，放在设置于过渡板上的弧形浅槽内，节点可沿边界法向自由转动，并基本上不产生位移，适用于较小跨度的网壳结构。为使底板平面垂直于支座反力的合力方向，以减少支座转动而引起的附加弯矩，一般可将弧形铰支座和球铰支座的底板斜置。

3）双向弧形支座［图3-19（c）］。对于较大跨度、落地的网壳结构可以采用双向弧形铰支座。

双向弧形铰支座，实际上是由两个类似于图 3-19（b）的支座组合而成。它可以使支座节点不产生任何线位移，而有效地传递支座水平反力。为使节点能作转动，两块弧形垫板应位于以节点为圆心的同心圆上。

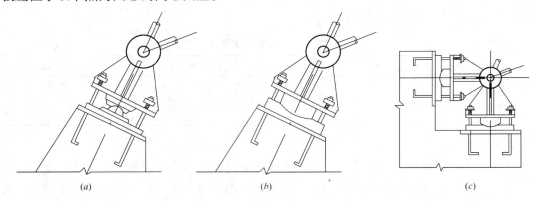

（a） （b） （c）

图 3-19 固定铰支座
（a）球铰支座；（b）弧形铰支座；（c）双向弧形铰支座

（2）弹性支座

弹性支座一般用于对水平推力有限制或需释放温度应力的网壳结构中。图 3-20 所示弹性支座是通过在支座底板与过渡钢板间加设橡胶垫板而实现的。由于橡胶垫板具有良好的弹性和较大的剪切变位能力，因而支座既可转动又可在水平方向产生一定的弹性变位。

为防止橡胶垫板产生过大的水平变位，可将支座底板与过渡钢板加工成"盆"型，或在节点周边设置其它限位装置。支座底板与过渡钢板由贯穿橡胶垫板的锚栓连成整体，锚栓的螺母下也应设置压力弹簧以适应支座的转动。为适应支座的水平变位，支座底板与橡胶垫板上应开设相应的圆形或椭圆形锚孔，以防锚栓阻止支座的水平变位。

采用橡胶垫板的板式橡胶支座在我国网架结构中已得到了普遍的应用，效果良好，适用于节点需在水平方向产生一定弹性变位且能转动的网壳支座节点。

（3）刚性支座

刚性支座节点既能传递轴向力，又能传递弯矩、剪力和扭矩。因此这种支座节点除本身具有足够刚度外，支座的下部支承结构也应具有较大刚度，使下部结构在支座反力作用下所产生的位移和转动都能控制在设计允许范围内。

图 3-21（a）、（b）分别表示空心球和螺栓球节点刚性支座。其中图 3-21（a）是将刚度较大的支座节点板直接焊于支承顶面的预埋钢板上，图 3-21（b）是利用刚度较大的节点连接件直接置于支座底板上。

（4）滚轴支座（图 3-22）

滚轴支座在网壳结构中应用较少，一般仅用于扁平曲面的网壳结构中，当采用滚轴支座时，边界在水平方向不受约束，支座将不承受水平推力。图 3-22（a）是网架结构中常见

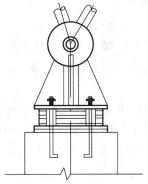

图 3-20 弹性支座

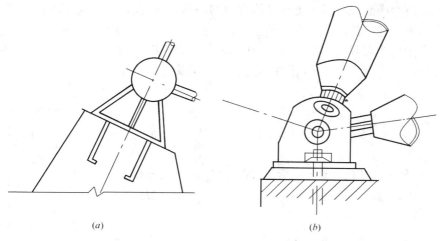

(a)　　　　　　　　　　　　　(b)

图 3-21　刚性支座
（a）空心球刚性支座；（b）螺栓球刚性支座

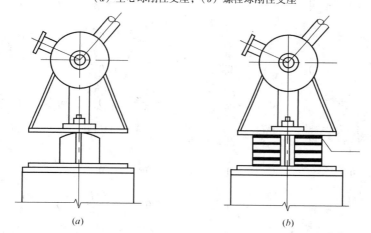

(a)　　　　　　　　　　　　　(b)

图 3-22　滚轴支座
（a）平板弧型铰支座；（b）橡胶垫板滑动支座

的单面弧形支座，由于底板与弧形垫块间为线接触，摩擦力很小，因此它在水平方向有移动的可能。图 3-22（b）所示橡胶垫板滑动支座，在支座底板与橡胶垫板间加设了不锈钢板或聚四氟乙烯板，力求减小摩擦力，以便支座与橡胶板间产生相对滑动。

（5）支座节点的构造

支座节点十字节点板竖向中心线应与支座竖向反力作用线一致，并宜与节点连接杆件中心线汇交于支座球节点中心。

由于网壳结构的支座节点常存在水平反力，因此支座球节点中心至支座底板间的距离宜尽量减少，以减少由此产生的附加弯矩。其构造高度视支座节点球大小可取 250～500mm，并应考虑网壳边缘杆件与支座节点竖向中心线间的交角，防止斜杆与支承柱边相碰。支座十字节点板厚应根据支座反力进行验算，确保其强度与稳定性满足设计要求，保证其自由边不发生侧向屈曲，宜取不小于 10mm。

支座节点底板的净面积应满足支承结构材料的局部受压要求，其厚度应满足底板在支承竖向反力作用下的抗弯要求，不宜小于 12mm。

支座节点锚栓构造设置时其直径可取 20~25mm，数量 2~4 个。对于拉力锚栓其直径应经计算确定，锚固长度不小于 35 倍锚栓直径，并应设置双螺母。

附注：$K_e =$

$$
\begin{bmatrix}
\dfrac{AE}{l} & 0 & 0 & 0 & 0 & 0 & -\dfrac{AE}{l} & 0 & 0 & 0 & 0 & 0 \\[2mm]
0 & \dfrac{12EI_z}{l^3} & 0 & 0 & 0 & \dfrac{6EI_z}{l^2} & 0 & -\dfrac{12EI_z}{l^3} & 0 & 0 & 0 & \dfrac{6EI_z}{l^2} \\[2mm]
0 & 0 & \dfrac{12EI_y}{l^3} & 0 & \dfrac{6EI_y}{l^2} & 0 & 0 & 0 & -\dfrac{12EI_y}{l^3} & 0 & \dfrac{6EI_y}{l^2} & 0 \\[2mm]
0 & 0 & 0 & \dfrac{GJ}{l} & 0 & 0 & 0 & 0 & 0 & -\dfrac{GJ}{l} & 0 & 0 \\[2mm]
0 & 0 & \dfrac{6EI_y}{l^2} & 0 & \dfrac{4EI_y}{l} & 0 & 0 & 0 & -\dfrac{6EI_y}{l^2} & 0 & \dfrac{2EI_y}{l} & 0 \\[2mm]
0 & \dfrac{6EI_z}{l^2} & 0 & 0 & 0 & \dfrac{4EI_z}{l} & 0 & -\dfrac{6EI_z}{l^2} & 0 & 0 & 0 & \dfrac{2EI_z}{l} \\[2mm]
-\dfrac{AE}{l} & 0 & 0 & 0 & 0 & 0 & \dfrac{AE}{l} & 0 & 0 & 0 & 0 & 0 \\[2mm]
0 & -\dfrac{12EI_z}{l^3} & 0 & 0 & 0 & -\dfrac{6EI_z}{l^2} & 0 & \dfrac{12EI_z}{l^3} & 0 & 0 & 0 & -\dfrac{6EI_z}{l^2} \\[2mm]
0 & 0 & -\dfrac{12EI_y}{l^3} & 0 & -\dfrac{6EI_y}{l^2} & 0 & 0 & 0 & \dfrac{12EI_y}{l^3} & 0 & -\dfrac{6EI_y}{l^2} & 0 \\[2mm]
0 & 0 & 0 & -\dfrac{GJ}{l} & 0 & 0 & 0 & 0 & 0 & \dfrac{GJ}{l} & 0 & 0 \\[2mm]
0 & 0 & \dfrac{6EI_y}{l^2} & 0 & \dfrac{2EI_y}{l} & 0 & 0 & 0 & -\dfrac{6EI_y}{l^2} & 0 & \dfrac{4EI_y}{l} & 0 \\[2mm]
0 & \dfrac{6EI_z}{l^2} & 0 & 0 & 0 & \dfrac{2EI_z}{l} & 0 & -\dfrac{6EI_z}{l^2} & 0 & 0 & 0 & \dfrac{4EI_z}{l}
\end{bmatrix}
$$

复习思考题

1. 基本曲面形成的主要方法有哪些？试写出旋转椭圆面和椭圆抛物面的曲面方程。

2. 对直径为 R 的圆球切割，作为一边长为 a 的正方形平面的屋盖，矢高为 f（$f < R$），试写出切口处的曲线方程。

3. 网壳结构的网格常用形式有哪些？并简述圆柱面网壳和球面网壳的网格组成规律。

4. 在网壳结构的设计中，应考虑哪些荷载？试分析各类荷载作用工况，并说明为什么风荷载作用有时对网壳结构起着主导作用？

5. 试导出空间梁单元当 $w_j = 1$ 或 $\theta_{yj} = 1$ 时产生的节点力，即导出式（3-14）、（3-15）。

6. 试导出将网壳结构斜边界点处的约束条件直接引入总刚度方程的理论过程。

7. 简述网壳结构的失稳现象，为什么单层网壳更易失稳？在单层网壳设计中应注意什么问题？

8. 试分析单层网壳曲面平面内、外的不同屈曲模态。并简述单层网壳杆件计算长度的确定方法。

9. 网壳边界水平约束条件确定中，下部结构支承条件与支座水平刚度条件的关系如何？

第4章 悬 索 结 构

4.1 悬索结构的形式和特点

悬索结构是以一系列受拉钢索为主要承重构件，按照一定规律布置，并悬挂在边缘构件或支承结构上而形成的一种空间结构。它通过钢索的轴向拉伸来抵抗外部作用。钢索多采用高强钢丝组成的钢丝束、钢绞线和钢丝绳，也可采用圆钢筋或带状的薄钢板。边缘构件或支承结构用于锚固钢索，并承受悬索的拉力。根据建筑物的平面和结构类型不同，可采用圈梁、拱、桁架、框架等，也可采用柔性拉索作为边缘构件。

4.1.1 悬索结构的分类

悬索结构根据几何形状、组成方式、受力特点等不同因素有多种划分。

按钢索的平面布置和索力传递方向可分成单向悬索结构，双向悬索结构和辐射状悬索结构（也称碟形悬索结构）。

按钢索的竖向布置方式可分成单层悬索结构，双层悬索结构。

按几何形态可分成单曲悬索结构，正曲面双曲悬索结构和负曲面双曲悬索结构。

《悬索结构技术规程》（报批稿）将悬索结构按受力特点分成以下几种类型。

1. 单层悬索体系

由一群单层承重索组成的结构体系（图4-1、图4-2）。又可分为：

（1）单层单向悬索结构

由一群平行走向的承重索组成，并构成单曲下凹屋面。拉索两端悬挂在稳定的支承结构上（如框架，图4-1a），也可设置专门的锚索（图4-1b）或端部水平结构（图4-1c）来承受悬索的拉力。如美国羌特里（Chantilly）杜勒斯国际机场旅客站屋盖（跨度61m），1986年建成的山东淄博市体育馆（矩形54m×38m），1987年建成的山东淄博毛纺厂俱乐部（矩形36m×27m）等屋盖结构。

（2）单层辐射状悬索结构

当屋盖为圆形平面时，悬索一般按辐射状布置，整个屋面形成下凹的旋转曲面，悬索支承在周边构件受压圈梁上，中心宜设置受拉环（图4-2a）。当允许在中心设置立柱时，则形成伞形屋面（图4-2b）。如美国加里福尼亚州俄克兰德—阿拉米达（Oakland—Alameda）城的圆形大剧场（直径128m），1987年建成的柳州水泥厂熟料库（圆形，半径40m）和1989年建成的淄博长途汽车站（圆形，半径25m）屋盖采用了伞形单层辐射状悬索结构。

单层悬索体系的工作与单根悬索相似，稳定性较差。首先，它是一种可变体系，平衡形式随荷载分布方式而变，特别在不对称荷载或局部荷载下会产生相当大的机构性位移。悬索抵抗机构性位移的能力，即索的稳定性，与索内初始拉力的大小有关，索内拉力愈大，稳定性愈好；其次，抗风能力差，作用在屋盖上的风力主要是吸力，而且分布不均匀，使其稳定性降低，当屋面较轻时，甚至可被风掀起。

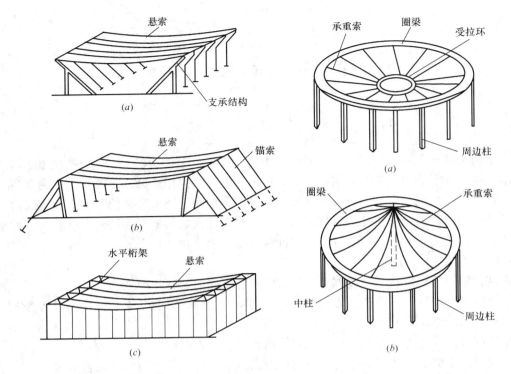

图 4-1　单层单向悬索结构　　　　图 4-2　单层辐射状悬索结构

为使单层悬索体系屋盖具有必要的稳定性，一般采用重屋面，如钢筋混凝土屋面板等。利用较大的均布恒载使悬索始终保持较大的张紧力，提高其稳定性。同时往往通过预加荷载施加预应力，施工时，先将屋面板挂在索上（使索正好位于板缝中），在板上加额外的临时荷载使索伸长，然后在板缝中浇灌细石混凝土，待混凝土达到一定强度后卸去荷载，即形成具有一定预应力的"悬挂薄壳"。

2. 双层悬索体系

由一系列一层承重索和一层曲率与之相反的稳定索组成的结构体系（图 4-3、图 4-4）。承受屋面荷载的索称为承重索，每对承重索和稳定索一般位于同一竖向平面，二者之间通过受拉钢索或受压撑杆连系，构成犹如屋架形式的平面体系，常称为索桁架。承重索和稳定索的不同组合方式构成下凹（图 4-5a、b），上凸（图 4-5c）或凹凸（图 4-5d）形屋面，承重索和稳定索之间的连系杆可以竖向布置，也可以布置成斜腹杆形式（图 4-5a）。

（1）双层单向悬索结构

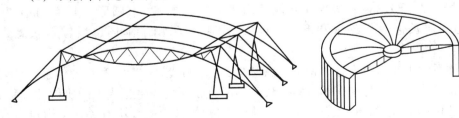

图 4-3　双层单向悬索结构　　　　图 4-4　双层辐射状悬索结构

126

由一群平行走向的索桁架组成（图 4-3）。如 1991 年建成的无锡县体育馆（矩形，43m×44m）。承重索和稳定索也可不在同一竖向平面，而是相互错开布置，这种处理能提高屋盖的纵向整体刚度和稳定性，并可构成波形屋面，如 1986 年建成的吉林滑冰馆（矩形，59m×72m）。

（2）双层辐射状悬索结构

当平面为圆形时，常将承重索、稳定索沿辐射状布置，周边锚固在受压圈梁上，中心宜设置受拉环（图 4-4）。当跨度不大于 60m 时，中心也可做成不受拉力的构造环。在双层辐射状悬索结构中，上、下索间可不设连系杆，而是利用中心受拉环作为一集中撑杆，上索既是稳定索，又直接承受屋面传来的荷载，上索以支反力的形式将部分荷载传给中心环，下索承受由中心环传来的集中荷载，这种结构形式称为车辐式双层悬索结构。1961 建成的北京工人体育馆（圆形，直径 94m）、1979 建成的成都城北体育馆（圆形，直径 61m），屋盖结构均为车辐式双层悬索结构，但成都城北体育馆所有索在中心环处不切断，而是沿环的切线穿越过去，中心环不再承受环向拉力，仅起上、下索之间的撑杆作用。

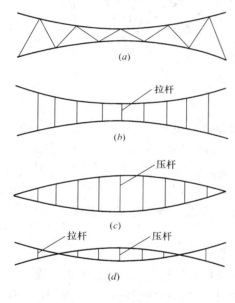

图 4-5　各种形式的索桁架

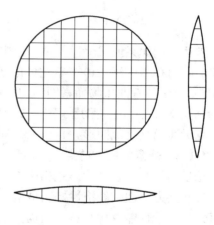

图 4-6　双层双向悬索结构

（3）双层双向悬索结构

将平面索桁架沿相互正交的两个方向布置形成双层双向悬索结构（图 4-6）。

双层悬索结构由于设置了相反曲率的稳定索和相应的连系杆，可张拉承重索、稳定索或连系杆对体系施加预应力，使索内始终保持足够大的拉紧力，提高体系的刚度和稳定性。双层悬索结构在动荷载作用下，具有较好的抗震性能。

3．索网结构

由两组相互正交、曲率相反的承重索和稳定索叠交连接组成的结构（图 4-7）。下凹的钢索为承重索，上凸的钢索为稳定索，它们形成负高斯曲率的曲面，例如双曲抛物面，这种体系常称为鞍形索网。沿索网边缘需设置强大的周边构件，以锚固钢索，周边构件可以为闭合圈梁形式（图 4-7a），也可做成强大的边拱，将力直接传给基础（图 4-7b、c），国外的工程实践中还有用柔性拉索作为周边构件，形成"不闭合"索网（图4-7d）。

对索网结构必须施加预应力，以提高体系的刚度和稳定性。由于存在曲率相反两组索，对其中任意一组或同时对两组进行张拉，均可实现预应力。

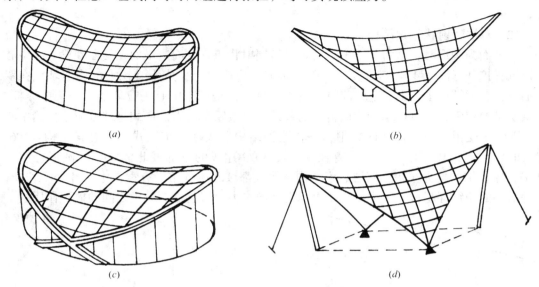

图 4-7 索网结构

鞍形索网体系形式多样，易于适应各种建筑功能和建筑造型的要求，屋面排水也较易处理，应用相当广泛。1967年建成的浙江人民体育馆（椭圆形，60m×80m）屋盖采用了图4-7a所示的双曲抛物面索网结构；1952年建成的美国雷里（Releigh）体育馆（近似圆形，直径91.5m）屋盖采用了图4-7c所示的索网结构；1986年建成的加拿大卡尔加里奥林匹克滑冰馆（近似圆形，直径135.3m）是世界上最大跨径的预应力鞍形索网。

4.1.2 悬索结构的特点

悬索结构与其它结构形式相比，具有如下一些特点：

（1）受力合理，经济性好。悬索结构依靠索的受拉抵抗外荷载，因此能够充分发挥高强钢索的力学性能，用料省，结构自重轻，可以较经济地跨越很大的跨度。索的用钢量仅为普通钢结构的 1/5 ~ 1/7，当跨度不超过 150m 时，每 1m² 屋盖的用钢量一般在 10kg 以下。

（2）施工方便。钢索自重小，屋面构件一般也较轻，施工、安装时不需要大型起重设备，也不需要脚手架，因而施工周期短，施工费用相对较低。

（3）建筑造型美观。悬索结构不仅可以适应各种平面形状和外形轮廓的要求，而且可以充分发挥建筑师的想象力，较自由地满足各种建筑功能和表达形式的要求，实现建筑和结构较完美的结合。

（4）悬索结构的边缘构件或支承结构受力较大，往往需要强大的截面、耗费较多的材料，而且其刚度对悬索结构的受力影响较大，因此，边缘构件或支承结构的设计极为重要。

（5）悬索结构的受力属大变位、小应变，非线性强，常规结构分析中的叠加原理不能利用，计算复杂。

4.2 悬索结构的计算和分析

4.2.1 概述

悬索结构是以一系列受拉的高强钢索作为主要承重构件，通过索的轴向拉伸来抵抗外荷作用。与传统结构不同，悬索结构对外荷载变化的响应是构件几何形状的改变，而不是应力发生大的变化。为了使悬索结构具有一定的刚度，必须对其施加预应力，以确定满足平衡条件和建筑使用要求的初始平衡形态。在给定的边界条件下，所施加的预应力系统的分布和大小同所形成的结构初始形状是相互联系的。初始几何形状直接决定了结构的力学性能，而且初始几何形状的好坏会直接影响到后续荷载分析的结果，因此初始平衡形态的确定在悬索结构分析设计中显得尤为重要。

因此，悬索结构的计算内容主要包括两大部分：①初始平衡形态的确定；②荷载分析。

悬索结构在外荷载作用下尽管应变很小，但结构会产生较大的位移。此时，传统结构的小变形分析理论将不再适用，必须考虑结构非线性大变形的影响，即结构平衡方程应建立在变形后的位形上；同时，一阶线性应变与真实应变之间存在较大的误差，需要考虑位移对坐标的二次导数。考虑大变形后的结构平衡方程和几何方程都将是非线性的，这就是悬索结构的几何非线性问题。几何非线性问题主要是研究物体的运动关系即应变与位移间的非线性关系，它通常分为大位移大应变和大位移小应变两个方面。在极大多数的大位移问题中，结构内部的应变是微小的，对于土木工程结构而言，主要研究大位移小应变问题。

悬索结构除了应变位移关系呈非线性外，其应力应变关系即本构关系也是非线性的。试验表明，张拉索在工作应力范围内可认为索具有恒定的弹性模量，即索是线弹性材料。实际工程中索的工作应力一般不会超过这个极限，因此在悬索结构非线性分析中一般不考虑材料非线性，而只考虑几何非线性，这样处理可以使悬索结构的分析大为简化。

对于悬索结构而言，如果索承受的轴向压力大于初始预拉力时，索会发生松弛现象。从建筑美观和结构安全角度，如果结构在外荷载作用下产生的索松弛现象过多，那么整个结构将失去承载能力，这时需要重新设计结构的初始预应力分布和初始形状。因此悬索结构的分析和设计之间存在着密切的内在联系，是一个分析、重分析，设计、重设计的过程。

4.2.2 索的受力变形特性

1. 索的平衡方程

两端固定的柔索称为单索。若所有外荷载与单索在同一平面内，则称为平面单索。平面单索的变位也在荷载作用平面内。本节仅讨论平面单索（简称单索）。

实际工程中，钢索的截面尺寸远小于索长尺寸，且钢索在使用前都经过预张拉，故这些钢索十分符合以下两条基本假设：

（1）索是理想柔性的，既不能受压，也不能抗弯。

（2）索的钢材符合虎克定律。

图 4-8 所示为固定于支座 A、B 的单索，取直角坐标系与荷载作用平面重合。沿跨度单

位长度上的分布荷载为 $q_z(x)$ 和 $q_x(x)$。索的曲线形状可用方程 $z = z(x)$ 来表示。

根据微分单元 $\mathrm{d}s$ 的平衡条件，有：

$$\Sigma X = 0$$

$$\left(T + \frac{\mathrm{d}T}{\mathrm{d}s}\mathrm{d}s \right)\left(\frac{\mathrm{d}x}{\mathrm{d}s} + \frac{\mathrm{d}^2 x}{\mathrm{d}s^2}\mathrm{d}s \right) - T\frac{\mathrm{d}x}{\mathrm{d}s} + q_x\mathrm{d}x = 0 \tag{4-1}$$

将上式展开并略去高阶微量，整理后得：

$$\frac{\mathrm{d}}{\mathrm{d}s}\left(T\frac{\mathrm{d}x}{\mathrm{d}s} \right) + q_x\frac{\mathrm{d}x}{\mathrm{d}s} = 0$$

在常见的实际工程中，悬索主要承受竖向荷载的作用。当 $q_x = 0$ 时，由式（4-1）得：

$$\frac{\mathrm{d}}{\mathrm{d}s}\left(T\frac{\mathrm{d}x}{\mathrm{d}s} \right) = 0$$

对此式积分，得：

$$T\frac{\mathrm{d}x}{\mathrm{d}s} = 常量 = H \tag{4-2}$$

注意到 $\mathrm{d}x/\mathrm{d}s$ 为索曲线的余弦，所以由式（4-2）可知，只有竖向荷载作用的单索，其索内力在水平方向的投影 H 为常量。由平衡条件：

$$\Sigma Z = 0$$

$$\left(T + \frac{\mathrm{d}T}{\mathrm{d}s}\mathrm{d}s \right)\left(\frac{\mathrm{d}z}{\mathrm{d}s} + \frac{\mathrm{d}^2 z}{\mathrm{d}s^2}\mathrm{d}s \right) - T\frac{\mathrm{d}z}{\mathrm{d}s} + q_z\mathrm{d}x = 0$$

将上式展开，略去高阶微量，整理后得：

$$\frac{\mathrm{d}}{\mathrm{d}s}\left(T\frac{\mathrm{d}z}{\mathrm{d}s} \right) + q_z\frac{\mathrm{d}x}{\mathrm{d}s} = 0 \tag{4-3}$$

由式（4-2）得：

$$T = H\frac{\mathrm{d}s}{\mathrm{d}x} \tag{a}$$

将此式代入式（4-3），并注意 H 为常量，由此得：

$$H\frac{\mathrm{d}^2 z}{\mathrm{d}x^2} + q_z = 0 \tag{4-4}$$

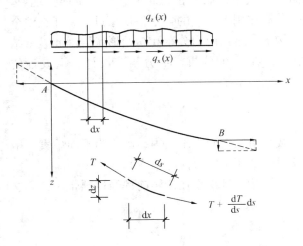

图 4-8 单索计算简图

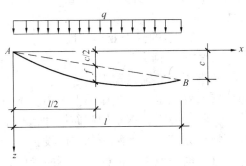

图 4-9 荷载沿跨度均布时单索计算简图

式（4-1）、式（4-3）是单索问题的基本平衡微分方程。式（4-4）是只受竖向荷载时，单索的基本平衡微分方程。

下面讨论几种特定荷载分布的情况来考察单索的受力特点：

（1）竖向荷载沿跨度均布的情况（图 4-9）

此情况，q_z = 常量 = q，代入式（4-4）得：

$$\frac{\mathrm{d}^2 z}{\mathrm{d}x^2} = -\frac{q}{H}$$

积分两次得：

$$z = -\frac{q}{2H}x^2 + C_1 x + C_2 \qquad (b)$$

根据边界条件（图 4-9）：

$$x = 0 \text{ 时}, z = 0;$$
$$x = L \text{ 时}, z = c;$$

（c 为两支座高差，以图示为正）可得：

$$C_1 = \frac{c}{l} + \frac{ql}{2H}, C_2 = 0$$

代入式（b）并整理，得：

$$z = \frac{q}{2H}x(l - x) + \frac{c}{l}x \qquad (4\text{-}5)$$

式（4-5）为一抛物线方程，它由 c/l 及 q/H 确定。一般水平力 H 不便先确定，但单索跨中垂度 f（图 4-9）可以给定。即：$x = \frac{l}{2}$ 时，$z = \frac{c}{2} + f$。

将此条件代入式（4-5），可求出索内水平力 H：

$$H = \frac{ql^2}{8f} \qquad (4\text{-}6)$$

将式（4-6）代回式（4-5）得：

$$z = \frac{4fx(l - x)}{l^2} + \frac{c}{l}x \qquad (4\text{-}7)$$

当二支座等高（图 4-9 中 $c = 0$）时，上式成为：

$$z = \frac{4fx(l - x)}{l^2} \qquad (4\text{-}8)$$

索曲线方程确定后，可由式（a）计算索内各点的内拉力 T，注意关系式 $\mathrm{d}s^2 = \mathrm{d}x^2 + \mathrm{d}z^2$：

$$T = H\sqrt{1 + \left(\frac{\mathrm{d}z}{\mathrm{d}x}\right)^2} \qquad (4\text{-}9)$$

当索较平坦时，$(\mathrm{d}z/\mathrm{d}x)^2$ 与 1 比较是微量，略去，于是有：

$$T \approx H \qquad (4\text{-}10)$$

可以证明，当 $f/l \leqslant 0.1$ 时，采用近似式（4-10），即能保证较好的精确度。

（2）竖向荷载沿索长均布的情况（图 4-10）

如图 4-10，沿索长均布的荷载为 q，则由几何关系得：

$$q_z = q\frac{\mathrm{d}s}{\mathrm{d}x} = q\sqrt{1 + \left(\frac{\mathrm{d}z}{\mathrm{d}x}\right)^2}$$

将此式代入式（4-4）得平衡方程为：

$$H \frac{\mathrm{d}^2 z}{\mathrm{d} x^2} + q \sqrt{1 + \left(\frac{\mathrm{d} z}{\mathrm{d} x}\right)^2} = 0 \qquad (4\text{-}11)$$

求解可得满足图 4-10 边界条件，且二支座等高，$c = 0$ 时的解为：

$$z = \frac{H}{q}\left[\cosh\alpha - \cosh\left(\frac{qx}{H} - \alpha\right)\right] \qquad (4\text{-}12)$$

式中

$$\alpha = \frac{ql}{2H}$$

式（4-12）所代表的曲线是一族悬链线。如果给定曲线上任一点的坐标值，整条曲线即可完全确定，设跨中 $x = l/2$ 时，$z = f$，由式（4-12）可得：

$$f = \frac{H}{q}(\cosh\alpha - 1) \qquad (4\text{-}13)$$

现将悬链线与抛物线作一比较（图 4-11），当二者在跨中处的垂度 f 相同时，其坐标的最大值 d（大约在 0.2 跨度处）如表 4-1 所示。由此可以看出，两条曲线的差异极微小，且索的 f/l 值越小，这种差异越小。由于悬链线的计算涉及双曲函数，计算繁复，在

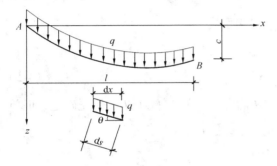

图 4-10　荷载沿索长均布时单索的计算简图

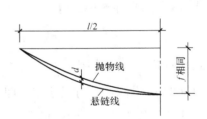

图 4-11　悬链线与抛物线的比较

实际应用中，一般均按抛物线计算，即可得到足够精确的结果。在实际的悬索屋盖中，索都比较平坦。所以把实际的沿索长分布的荷载（悬链线情况）看作沿跨度分布的荷载（抛物线情况），所产生的误差很小。

悬链线与抛物线的比较　　　　　　　　　　　　　　　　　表 4-1

f/l	0.1	0.2	0.3
d/f	0.04%	0.11%	0.21%

（3）q_z 按任意规律分布的情况（图4-12）

在一般竖向荷载作用下，单索的平衡方程即为式（4-4）。若 q_z 分布已定，通过积分，并考虑边界条件，即可求得索曲线方程。现在讨论一种更方便的方法——梁比拟法。

梁的平衡微分方程为（图4-12）：

$$\frac{\mathrm{d}^2 M}{\mathrm{d} x^2} + q_z = 0 \qquad (c)$$

悬索的微分方程式（4-4）与式（a）相比较，具有完全相同的形式。二者的变量（z 与 M）相互对应，仅相差一常数因子 H。因此，只要两情况的边界条件相当，则成立下述关系：

$$Hz(x) = M(x)$$

即：

$$z(x) = \frac{M(x)}{H} \tag{4-14}$$

寻求相当的边界条件是可行的。如：对两支座等高的悬索，当以通过支点的水平线为坐标轴时，其两端的边界条件与一般简支梁弯矩图完全相当（图4-12a）。

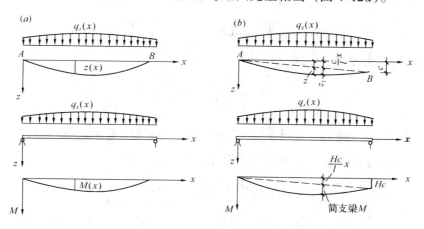

图4-12　索的平衡曲线与简支梁弯矩图的比拟

悬索	梁
左端，$z = 0$;	左端，$M = 0$;
右端，$z = 0$;	右端，$M = 0$。

对两支座不等高的悬索，在对应的简支梁的一端还应加上一集中力矩 Hc（图4-12b），这时 z 和 M 的边界条件也完全相当：

悬索	梁
左端，$z = 0$;	左端，$M = 0$;
右端，$z = c$;	右端，$M = Hc$。

于是，即可根据简支梁的弯矩图按式(4-14)求得索曲线的形状。由上述的比拟可看出，对于两支座不等高的情况，式(4-14)中的 $M(x)$ 代表荷载 $q_z(x)$ 和端力矩 H_c 共同引起的简支梁弯矩图。因此，如果使 $M(x)$ 仅代表由荷载 $q_z(x)$ 引起的弯矩图，则式(4-14)应改写为：

$$z(x) = \frac{M(x) + \dfrac{Hcx}{l}}{H}$$

即：

$$z(x) = \frac{M(x)}{H} + \frac{c}{l}x \tag{4-15}$$

式（4-15）是式（4-14）的推广，是适用于两支座不等高情况的通式。

式（4-15）右侧第二项代表支座连线 AB 的坐标，因此第一项就代表以 AB 为基线的索曲线坐标 $z_1(x)$（参见图4-12b），即：

$$z_1(x) = \frac{M(x)}{H} \tag{4-16}$$

由此可见，当考虑悬索的平衡状态时，不论两支座是否等高，均可得到同样的结论。即：如果将两支点的连线作为索曲线竖向坐标的基线，则索曲线的形状与承受同样荷载的简支梁弯矩图完全相似。这是本节内容中一条重要的概念。

2. 索长度的计算

根据图 4-8 所示的几何关系，索微分段 $\mathrm{d}s$ 为：

$$\mathrm{d}s = \sqrt{\mathrm{d}x^2 + \mathrm{d}z^2} = \sqrt{1 + \left(\frac{\mathrm{d}z}{\mathrm{d}x}\right)^2}\,\mathrm{d}x$$

全索长度可由上式积分得到：

$$s = \int_A^B \mathrm{d}s = \int_0^l \sqrt{1 + \left(\frac{\mathrm{d}z}{\mathrm{d}x}\right)^2}\,\mathrm{d}x \tag{4-17}$$

积分式中的被积函数 $\sqrt{1 + \left(\frac{\mathrm{d}z}{\mathrm{d}x}\right)^2}$ 是无理式，求积较复杂。在一般实际工程中，$(\mathrm{d}z/\mathrm{d}x)^2$ 与 1 相比是小量，可将其按级数展开：

$$\sqrt{1 + \left(\frac{\mathrm{d}z}{\mathrm{d}x}\right)^2} = 1 + \frac{1}{2}\left(\frac{\mathrm{d}z}{\mathrm{d}x}\right)^2 - \frac{1}{8}\left(\frac{\mathrm{d}z}{\mathrm{d}x}\right)^4 + \frac{1}{16}\left(\frac{\mathrm{d}z}{\mathrm{d}x}\right)^6 - \cdots\cdots$$

实际计算中，只需取二、三项即可达必需的精度。即索长计算近似公式为：

$$s = \int_0^l \left[1 + \frac{1}{2}\left(\frac{\mathrm{d}z}{\mathrm{d}x}\right)^2\right]\mathrm{d}x \tag{4-18}$$

或

$$s = \int_0^l \left[1 + \frac{1}{2}\left(\frac{\mathrm{d}z}{\mathrm{d}x}\right)^2 - \frac{1}{8}\left(\frac{\mathrm{d}z}{\mathrm{d}x}\right)^4\right]\mathrm{d}x \tag{4-19}$$

当悬索的荷载和 H 已知时，索曲线的形状就确定了。因此，利用梁比拟法的结果，可得索长计算公式的另一种形式。由式（4-16）得：

$$\frac{\mathrm{d}z}{\mathrm{d}x} = \frac{V(x)}{H} + \frac{c}{l}$$

式中，$V(x)$ 为简支梁的剪力，将此式代入式（4-18），整理，并注意到简支梁支座弯矩为 0，可得：

$$s = l\left(1 + \frac{c^2}{2l^2}\right) + \frac{1}{2H^2}\int_0^l V^2\,\mathrm{d}x \tag{4-20}$$

式（4-18）与式（4-20）是等效的，可根据具体情况选用。

现以式（4-8）所示抛物线索为例，分析索长近似公式（4-18）、（4-19）的误差。由式（4-8）得：

$$\frac{\mathrm{d}z}{\mathrm{d}x} = \frac{4f}{l}\left(1 - \frac{2x}{l}\right) \tag{a}$$

代入式（4-18）、式（4-19）可得索长近似计算公式：

$$s = l\left(1 + \frac{8f^2}{3l^2}\right) \tag{b}$$

$$s = l\left(1 + \frac{8f^2}{3l^2} - \frac{32}{5}\frac{f^4}{l^4}\right) \tag{c}$$

将式（a）代入式（4-17），积分后得索长精确计算公式：

$$s = \frac{1}{2}\sqrt{1 + \frac{16f^2}{l^2}} + \frac{l^2}{8f}\ln\left[\frac{4f}{l} + \sqrt{1 + 16\left(\frac{f}{l}\right)^2}\right] \qquad (d)$$

表 4-2 给出了根据不同垂跨比 f/l 按式（b）、（c）、（d）计算的索长，并进行比较。

由表知，当 $f/l \leq 0.1$ 时，用二项式（b），当 $f/l \leq 0.2$ 时，用三项式（c），可达到十分满意的精度。

3. 索的变形协调方程

索的实际计算问题是，在初始状态，索承受荷载 q_0，索的初始形状 z_0，相应的初始拉力 H_0 均为已知。在此基础上，对索施加荷载增量 Δq，索承受荷载变为 $q = q_0 + \Delta q$，索内拉力变为 $H = H_0 + \Delta H$，索产生伸长（或缩短），索的曲线变为 $z = z_0 + w$，在索达此最终状态过程中，假设温度变化为 Δt。

在此计算问题中有两个未知量 z、H，显然只有一个平衡方程是不够的。因此必须在索由始态过渡到终态的过程中，考虑索的变形和位移情况，建立索的变形协调方程。

如图 4-13 所示，索在始态的曲线方程为 z。

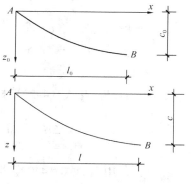

图 4-13　索的始态和终态

索长计算公式的比较　　　　　　　　　　表 4-2

f/l	精确值按式（d）	按式（b）		按式（c）	
		值	误差	值	误差
0.05	$1.0066l$	$1.0067l$	0.01%	$1.0066l$	-0.00%
0.10	$1.0260l$	$1.0267l$	0.07%	$1.0260l$	-0.00%
0.15	$1.0571l$	$1.0600l$	0.27%	$1.0568l$	-0.03%
0.20	$1.0985l$	$1.1067l$	0.75%	$1.0964l$	-0.19%
0.25	$1.1478l$	$1.1667l$	1.65%	$1.1417l$	-0.53%
0.30	$1.2043l$	$1.2400l$	2.96%	$1.1882l$	-1.34%

根据索长近似计算公式（4-18）可分别求出始态的索长 s_0 和终态的索长 s，由此得索的伸长值为：

$$\Delta s = s - s_0 = \int_0^l\left[1 + \frac{1}{2}\left(\frac{\mathrm{d}z}{\mathrm{d}x}\right)^2\right]\mathrm{d}x - \int_0^{l_0}\left[1 + \frac{1}{2}\left(\frac{\mathrm{d}z_0}{\mathrm{d}x}\right)^2\right]\mathrm{d}x$$

$$= \Delta l + \frac{1}{2}\int_0^{l_0}\left[\left(\frac{\mathrm{d}z}{\mathrm{d}x}\right)^2 - \left(\frac{\mathrm{d}z_0}{\mathrm{d}x}\right)^2\right]\mathrm{d}x \qquad (4-21)$$

式中，$\Delta l = l - l_0 = u_r - u_l$，$u_r$，$u_l$ 分别为索右端，索左端点的水平位移。

由物理方面看，索的伸长是由索的拉力增量 ΔT 及温度变化 Δt 引起的，即：

$$\Delta s = \int_A^B \frac{\Delta T}{EA} \mathrm{d}s + \int_A^B \alpha \Delta t \cdot \mathrm{d}s_0 \approx \int_0^{l_0} \left(\frac{\Delta H}{EA} \frac{\mathrm{d}s_0}{\mathrm{d}x} + \alpha \Delta t \right) \frac{\mathrm{d}s_0}{\mathrm{d}x} \mathrm{d}x$$

$$= \frac{\Delta H}{EA} \int_0^{l_0} \left[1 + \left(\frac{\mathrm{d}z_0}{\mathrm{d}x} \right)^2 \right] \mathrm{d}x + \alpha \Delta t \int_0^{l_0} \sqrt{1 + \left(\frac{\mathrm{d}z_0}{\mathrm{d}x} \right)^2} \mathrm{d}x \qquad (a)$$

上式中用到了几何关系：

$$\mathrm{d}s_0 = \sqrt{\mathrm{d}x^2 + \mathrm{d}z_0^2} = \sqrt{1 + \left(\frac{\mathrm{d}z_0}{\mathrm{d}x} \right)^2} \mathrm{d}x$$

在小垂度问题中，$(\mathrm{d}z_0/\mathrm{d}x)^2$ 与 1 比较是微量，可忽略不计，于是得：

$$\Delta s = \frac{\Delta H}{EA} l_0 + \alpha \Delta t l_0 \qquad (4\text{-}22)$$

令式（4-21）与式（4-22）相等，得到索的变形协调方程；

$$\frac{\Delta H}{EA} = \frac{\Delta l}{l_0} + \frac{1}{2l_0} \int_0^{l_0} \left[\left(\frac{\mathrm{d}z}{\mathrm{d}x} \right)^2 - \left(\frac{\mathrm{d}z_0}{\mathrm{d}x} \right)^2 \right] \mathrm{d}x - \alpha \Delta t \qquad (4\text{-}23)$$

经分析，用近似式（4-22）取代准确式（a）引起的误差较小，当 $f/l \leqslant 0.1$ 时，可达到满意的精度。

与平衡方程一起，变形协调方程（4-23）是屋盖悬索结构理论的基础。

4. 单索问题计算

设索在初始状态的荷载 q_0、索曲线形状 z_0 及索初始内力 H_0 均为已知。它们满足式（4-15）所表式的平衡条件。

$$z_0 = \frac{M_0(x)}{H_0} + \frac{c_0}{l} x \qquad (a)$$

加上荷载增量 Δq 后，索过渡到终态，此时索内力 H，索曲线形状满足变形协调条件式（4-23）和新状态下的平衡条件。

$$z = \frac{M(x)}{H} + \frac{c}{l} x \qquad (b)$$

联立式（a）、（b）及式（4-23），就可解出未知量 H 和 z，具体解法如下。

由式（a）、（b）得：

$$\frac{\mathrm{d}z_0}{\mathrm{d}x} = \frac{V_0}{H_0} + \frac{c_0}{l}$$

$$\frac{\mathrm{d}z}{\mathrm{d}x} = \frac{V}{C} + \frac{c}{l}$$

将此二式代入式（4-23），并注意到：

$$\int_0^{l_0} V_0 \mathrm{d}x = \int_0^{l_0} \mathrm{d}M_0(x) = M_0(l) - M_0(0) = 0, \int_0^{l_0} V \mathrm{d}x = 0$$

得：

$$\frac{H - H_0}{EA} = \frac{\Delta l}{l_0} + \frac{c^2 - c_0^2}{2l_0^2} + \frac{1}{2l_0}\left[\int_0^{l_0} \frac{V^2}{H^2}dx - \int_0^{l_0} \frac{V_0^2}{H_0^2}dx\right] - \alpha\Delta t \qquad (c)$$

令：
$$\int_0^{l_0} V^2 dx = D, \int_0^{l_0} V_0^2 dx = D_0 \qquad (4-24)$$

得：
$$H - H_0 = EA\left[\frac{\Delta l}{l_0} + \frac{c^2 - c_0^2}{2l_0^2} + \frac{1}{2l_0}\left(\frac{D}{H^2} - \frac{D_0}{H_0^2}\right) - \alpha\Delta t\right] \qquad (4-25)$$

式（4-25）是以 H 为未知量的三次方程，由此可解得 H，然后由式（b）可求得 z。这里 D 和 D_0 代表荷载的作用。

悬索结构是几何非线性的。这是因为与悬索的初始垂度相比，索在荷载增量作用下产生的竖向位移 w 并不是微量；这在小垂度问题中尤其是如此。所以，悬索的平衡方程不能按变形前的初始位置来建立，而必须考虑悬索曲线形状随荷载变化而产生的改变，按变形后的新的几何位置来建立平衡条件。这样就构成了结构力学中的非线性问题。因此，在解悬索问题时其初始状态必须明确给定。当在不同的初始状态上施加相同的荷载增量时，引起的效应各不相同。

承受均布荷载的单索，初始态荷载 q_0，H_0 已知，z_0 为抛物线，跨中垂度可由式（4-6）确定：

$$f_0 = \frac{q_0 l^2}{8H_0} \qquad (d)$$

终态时的均布荷载 q 已给定，同样可得：

$$f = \frac{ql^2}{8H} \qquad (e)$$

当不考虑支座位移和温度变化条件时，可推得：

$$H - H_0 = \frac{EAl^2}{24}\left(\frac{q^2}{H^2} - \frac{q_0^2}{H_0^2}\right) \qquad (4-26)$$

这是均布荷载作用下求解 H 的三次方程式。

三次方程不易求解，在实际解题时常采用迭代法。

【例 4-1】 设有承受均布荷载的抛物线索，已知：$A = 1815mm^2$，$E = 180kN/mm^2$，$l = 20m$；初始态 $H_0 = 30kN$，$q_0 = 0.3kN/m$；终态 $q = 1kN/m$。求索内水平张力 H 以及索在始态和终态时的跨中垂度。

【解】 将已知数据代入式（4-26），整理后得：

$$H^3 + 514.5H^2 - 5445000 = 0$$

可写成如下迭代公式形式： $H = \sqrt{\frac{5445000}{H + 514.5}}$

取初值 $H = 100kN$，迭代数次后求得 $H = 94.55kN$。索在始态和终态时的垂度分别为：

$$f_0 = \frac{q_0 l^2}{8H_0} = \frac{0.3 \times 20^2}{8 \times 30} = 0.500m$$

$$f = \frac{ql^2}{8H} = \frac{1 \times 20^2}{8 \times 94.55} = 0.529\text{m}$$

【例 4-2】 初始态为直线的悬索,即 $z_0 = 0$, $q_0 = 0$, 其它数据与例 4-1 相同。求终态时索内水平张力 H 及跨中垂度 f。

【解】 此时 H 的三次方程式为:

$$H^3 - 30H^2 - 5445000 = 0$$

写成迭代公式形式:

$$H = \sqrt{\frac{5445000}{H - 30}}$$

取初值 $H = 150\text{kN}$, 迭代数次后,求得 $H = 186.5\text{kN}$。

$$f = \frac{ql^2}{8H} = \frac{1 \times 20^2}{8 \times 186.5} = 0.268\text{m}$$

4.2.3 悬索结构计算的有限单元法

在悬索结构的发展初期,找形分析主要是通过物理模型试验来完成。但随着计算机技术的迅速发展,各种数值分析方法也都应运而生。从上世纪 70 年代起,国内外很多学者将非线性有限单元法应用于悬索结构的找形和荷载分析。非线性有限元法对于几何大变形的柔性结构体系来说,是一种非常有效的求解方法。

非线性有限元法的基本思想是先将悬索结构离散为若干单元,然后针对悬索结构的小应变大位移状态,应用几何非线性理论,建立以节点位移为基本未知量的非线性有限元方程组。

1. 基本假定

有限元分析理论把索系看作是一系列相互连接的索段组成;索段之间的连接点叫做节点。目前,索单元的计算模型主要有以下几种:两节点直杆单元模型、抛物线单元模型、悬链线单元模型、高次曲线单元模型以及等效弹性模量修正的两节点直杆单元模型。由于悬索结构的曲率一般比较小,当索单元长度较短时,用直杆单元来模拟不会产生很大的误差,并且计算简单,计算精度的提高可以用加密单元的方法来实现。

索的计算模型采用两节点直杆单元模型,其基本假定如下:

(1) 索单元只能承受拉力而不能承受任何弯矩和压力,即索无抗弯刚度。

(2) 索单元拉应力沿轴向大小不变,且变形前后截面积保持不变。

(3) 索单元除自重外,仅受节点荷载的作用。

(4) 属于大位移小应变问题。

(5) 索是理想线弹性材料,受拉时其应力应变关系符合虎克定律。

2. 局部坐标系下的索单元平衡方程

如图 4-14 所示,任一索单元,它的两个节点分别是 i 和 j,整体坐标系为 $O - XYZ$,单元局部坐标系为 $i - xyz$,x 坐标的正方向规定为由 i 到 j。

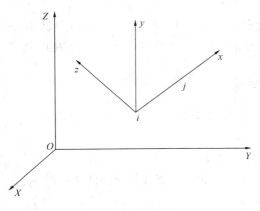

图 4-14 索单元

设局部坐标系下索单元节点的坐标向量和节点位移列阵分别为：

$$x_e = \{ x_i \quad y_i \quad z_i \quad x_j \quad y_j \quad z_j \}^T \tag{4-27}$$

$$u_e = \{ u_i \quad v_i \quad w_i \quad u_j \quad v_j \quad w_j \}^T \tag{4-28}$$

则单元中任一点的坐标和位移均可由下式惟一确定。

$$x = Nx_e; \quad u = Nu_e \tag{4-29}$$

式中，$x = \{ x \quad y \quad z \}^T$，$u = \{ u \quad v \quad w \}^T$，$N$ 为形函数矩阵。

$$N = \begin{bmatrix} N_i & 0 & 0 & N_j & 0 & 0 \\ 0 & N_i & 0 & 0 & N_j & 0 \\ 0 & 0 & N_i & 0 & 0 & N_j \end{bmatrix} \tag{4-30}$$

$$N_i = 1 - \frac{x}{L}; \quad N_j = \frac{x}{L} \tag{4-31}$$

$$L = \sqrt{(x_j - x_i)^2 + (y_j - y_i)^2 + (z_j - z_i)^2} \tag{4-32}$$

式中，L 为索单元的长度。

每一迭代步内节点位移增量为：

$$\Delta u_e = \{ \Delta u_i \quad \Delta v_i \quad \Delta w_i \quad \Delta u_j \quad \Delta v_j \quad \Delta w_j \}^T \tag{4-33}$$

单元应变增量列阵 $\Delta\varepsilon$ 可表示为线性应变增量 $\Delta\varepsilon_L$ 和非线性应变增量 $\Delta\varepsilon_{NL}$ 之和：

$$\Delta\varepsilon = \Delta\varepsilon_L + \Delta\varepsilon_{NL} \tag{4-34}$$

一维索单元的线性应变增量 $\Delta\varepsilon_L$ 和非线性应变增量 $\Delta\varepsilon_{NL}$ 分别为：

$$\Delta\varepsilon_L = \left\{ \frac{\partial \Delta u}{\partial x} \right\}; \quad \Delta\varepsilon_{NL} = \left\{ \frac{1}{2} \left[\left(\frac{\partial \Delta u}{\partial x} \right)^2 + \left(\frac{\partial \Delta v}{\partial x} \right)^2 + \left(\frac{\partial \Delta w}{\partial x} \right)^2 \right] \right\} \tag{4-35}$$

由

$$\Delta u = N\Delta u_e \tag{4-36}$$

得

$$\Delta\varepsilon = \Delta\varepsilon_L + \Delta\varepsilon_{NL} = B_L\Delta u_e + B_{NL}\Delta u_e \tag{4-37}$$

其中 B_L 为线性应变增量与位移增量关系矩阵，B_{NL} 为非线性应变增量与位移增量关系矩阵。

所以

$$B_L = \frac{1}{L} [-1 \quad 0 \quad 0 \quad 1 \quad 0 \quad 0] \tag{4-38}$$

$$B_{NL} = \frac{1}{2} \Delta AG \tag{4-39}$$

$$\Delta A = \begin{bmatrix} \frac{\partial u}{\partial x} & \frac{\partial v}{\partial x} & \frac{\partial w}{\partial x} \end{bmatrix} \tag{4-40}$$

$$G = \frac{1}{L} \begin{bmatrix} -1 & 0 & 0 & 1 & 0 & 0 \\ 0 & -1 & 0 & 0 & 1 & 0 \\ 0 & 0 & -1 & 0 & 0 & 1 \end{bmatrix} \tag{4-41}$$

根据虚功原理便可建立局部坐标系下索单元的平衡方程。在建立悬索结构非线性有限元分析的基本方程时，需要考虑几何非线性影响因素：①初始预应力对结构刚度的影响；②大位移对结构平衡方程的影响，可通过直接将平衡方程建立在变形后的位形上来考虑。

因此索单元的刚度矩阵包含线性和非线性刚度矩阵两部分。

局部坐标系下的索单元平衡方程为：

$$(\overline{K}_{Le} + \overline{K}_{NLe})\Delta u_e = \overline{R}_e - \overline{F}_e \tag{4-42}$$

其中 $\overline{K}_{Le}$、$\overline{K}_{NLe}$ 分别为局部坐标系下索单元的线性刚度矩阵和非线性刚度矩阵；Δu_e 为局部坐标系下索单元节点位移增量列阵；$\overline{R}_e$ 为索单元节点外荷载向量；$\overline{F}_e$ 为索单元等效节点力向量。

索单元在局部坐标系下的单元线性刚度矩阵 $\overline{K}_{Le}$、非线性刚度矩阵 $\overline{K}_{NLe}$ 分别为：

$$\overline{K}_{Le} = \frac{EA}{L}\begin{bmatrix} 1 & 0 & 0 & -1 & 0 & 0 \\ 0 & 0 & 0 & 0 & 0 & 0 \\ 0 & 0 & 0 & 0 & 0 & 0 \\ -1 & 0 & 0 & 1 & 0 & 0 \\ 0 & 0 & 0 & 0 & 0 & 0 \\ 0 & 0 & 0 & 0 & 0 & 0 \end{bmatrix} \tag{4-43}$$

$$\overline{K}_{NLe} = \frac{\sigma A}{L}\begin{bmatrix} 1 & 0 & 0 & -1 & 0 & 0 \\ 0 & 1 & 0 & 0 & -1 & 0 \\ 0 & 0 & 1 & 0 & 0 & -1 \\ -1 & 0 & 0 & 1 & 0 & 0 \\ 0 & -1 & 0 & 0 & 1 & 0 \\ 0 & 0 & -1 & 0 & 0 & 1 \end{bmatrix} \tag{4-44}$$

$$\overline{F}_e = A\sigma\begin{bmatrix} -1 & 0 & 0 & 1 & 0 & 0 \end{bmatrix}^T \tag{4-45}$$

式中　E——索的弹性模量；

　　　A——索单元的截面积；

　　　σ——索内初始预应力。

3. 坐标转换矩阵

上述得到的索单元平衡方程是在单元局部坐标系下推导的，需要通过局部坐标系 $i-xyz$ 到整体坐标系 $O-XYZ$ 之间的坐标转换矩阵 T 才能得到整体坐标系下的索单元平衡方程。

$$T = \begin{bmatrix} \lambda & 0 \\ 0 & \lambda \end{bmatrix} \tag{4-46}$$

$$\lambda = \begin{bmatrix} \cos(X,\ x) & \cos(Y,\ x) & \cos(Z,\ x) \\ \cos(X,\ y) & \cos(Y,\ y) & \cos(Z,\ y) \\ \cos(X,\ z) & \cos(Y,\ z) & \cos(Z,\ z) \end{bmatrix} \tag{4-47}$$

式中 λ_{ij} 为局部坐标轴和整体坐标轴之间的方向余弦。

为了简便和统一，本文规定局部坐标系中的 y 轴与局部坐标系中的 x 轴及整体坐标系中的 Z 轴均垂直，并通过右手螺旋法则确定 z 轴。则 λ 为：

$$\lambda = \begin{bmatrix} l & m & n \\ -\dfrac{m}{\sqrt{l^2+m^2}} & \dfrac{l}{\sqrt{l^2+m^2}} & 0 \\ -\dfrac{l\mathrm{n}}{\sqrt{l^2+m^2}} & -\dfrac{mn}{\sqrt{l^2+m^2}} & \sqrt{l^2+m^2} \end{bmatrix} \qquad (4\text{-}48)$$

式中，l、m、n 分别为局部坐标系中 x 轴与整体坐标系中 X、Y、Z 轴之间的方向余弦。

4. 整体坐标系下的索单元平衡方程

设整体坐标系下索单元位移增量、节点等效荷载向量、线性和非线性刚度矩阵分别用 ΔU_e、F_e、K_{Le}、K_{NLe} 来表示，则它们可以根据坐标转换矩阵 T 得到：

$$K_{Le} = T^T\overline{K}_{Le}T;\quad K_{NLe} = T^T\overline{K}_{NLe}T;\quad \Delta U_e = T^T\Delta u_e;\quad F_e = T^T\overline{F}_e \qquad (4\text{-}49)$$

整体坐标系下单元外荷载向量为：

$$R_e = \frac{AL}{2}\begin{bmatrix} 0 & 0 & p & 0 & 0 & p \end{bmatrix}^T \qquad (4\text{-}50)$$

式中，P 为整体坐标系下作用在索单元上的体力。

则整体坐标系下索单元的平衡方程为：

$$(K_{Le} + K_{NLe})\Delta U_e = R_e - F_e \qquad (4\text{-}51)$$

5. 悬索结构的平衡方程

上述方程是结构单元在整体坐标系下的几何非线性有限元方程，因此应通过整体坐标系下单元有限元方程的组装，最后得到结构总的几何非线性有限元方程：

$$(K_L + K_{NL})\Delta U = R - F \qquad (4\text{-}52)$$

式中　K_L、K_{NL}——分别为组装后整体坐标系下结构的线性刚度矩阵和非线性刚度矩阵；

$\quad\quad\quad \Delta U$——整体坐标系下结构的节点位移增量列阵；

$\quad\quad\quad R$——节点外荷载向量；

$\quad\quad\quad F$——等效节点力向量。

令 $K = K_L + K_{NL}$，则上式变为：

$$K\Delta U = R - F \qquad (4\text{-}53)$$

式中，K 为结构的总刚度矩阵，包括线性刚度矩阵和非线性刚度矩阵。

6. 非线性有限元方程组的解法

由于悬索结构呈现出较强的几何非线性，利用得到的位移增量修正原体系的节点坐标并代入式(4-53)后，方程可能并不平衡，故需进行迭代求解，结构分析最终归结为求解如式(4-53)所示的一组非线性方程组。一般来说，该非线性方程组的理论解是得不到的，只能采用各种数值方法，用一系列线性方程组的解去逐步逼近该非线性方程组的解。

目前，非线性方程组的解法主要有牛顿-拉弗逊法和修正的牛顿-拉弗逊法。牛顿-拉弗逊法求解时，在每次迭代中都必须重新计算切线刚度矩阵以及切线刚度矩阵的逆矩阵。它是一种比较有效的求解非线性方程组的方法，只要非线性方程组的一阶导数存在，用这种方法是很快的。但是牛顿-拉弗逊法要求每一迭代过程中都要根据位移增量在结构新的几何坐标位置上重新形成刚度矩阵和等效荷载向量。因此牛顿-拉弗逊法迭代次数较少，收敛速度也比较快，但所需的计算量比较大。为解决牛顿-拉弗逊法在每一次迭代中计算量比较大的问题，人们提出了修正的牛顿-拉弗逊法。与牛顿-拉弗逊法相比，修正的牛顿-拉弗逊法在每次迭代中只对等效荷载向量进行修正，采用初始的刚度矩阵来进行计算，这样刚度矩阵的形成与分解次数大为减少，因而可减少大量的计算工作，但迭代过程的收敛速度减慢了，迭代次数增加了，并且可能会导致迭代的发散。

求解非线性方程组时，在每次迭代结束后，都必须对所得到的解进行收敛性检查，以判定其可信程度。收敛准则可以采用位移准则和不平衡力准则。通过多次迭代后，节点位移增量和式(4-53)右端项的不平衡力都将趋向于零。当所有的增量步得到收敛解后，即可迭加各节点位移增量得到节点位移。

7. 索单元的松弛处理

对于两节点直杆索单元，只能承受轴向拉应力，如受到轴压力，则索单元松弛，刚度退化，初始预应力损失。在悬索结构分析时，首先假定未出现索松弛，计算索单元的内力，判断索内力是否大于0。若索内力大于0，则不作处理；若索内力小于或等于0，则此索元发生松弛，就要修改其刚度矩阵，以消除或减小其刚度对结构整体刚度的贡献，一种方法为在判断索单元松弛后，置索单元刚度为0；另一种方法则将现刚度乘以折减系数，置索单元刚度为较小值。从计算稳定、收敛速度等方面考虑，一般采用第二种方法。

$$K_s = \alpha(K_L + K_{NL}) \tag{4-54}$$

式中　K_s——松弛索单元的刚度矩阵；

　　　α——刚度折减系数。

4.2.4　非线性有限元法找形分析

悬索结构的初始形状不能随意选择，必须为其确定一个满足边界条件和预应力大小及分布的初始平衡形态，这个确定初始平衡形态的过程就是悬索结构的找形(form-finding)分析。悬索结构的找形包含了两方面的含义：一是确定结构的建筑几何外形，二是确定合理的预应力大小和分布。

从结构的角度出发，形状确定就是确定下列参数的过程：①结构拓扑关系；②体力和面力；③表面几何形状；④几何边界约束条件；⑤预应力的大小和分布。拓扑关系决定悬索结构材料之间的连接性，这可以通过划分单元之间的连接性来确定。作为外载的体力和面力的方向和大小在找形过程中由于曲面形态的变化而变化。表面几何形状是初始平衡问题中的关键参数，可通过节点坐标或单元形函数来表达，结构形状必须满足建筑和结构上的要求。几何边界条件一般是已知的，可确定一个惟一的平衡条件。悬索结构内部始终处于一定的应力状态，初始内应力分布是找形分析的一个关键参数。预应力的分布和大小与结构的几何外形一一对应，不同的预应力分布和大小可以导致不同的几何外形，在施加预应力的过程中，体系结构在适应、改变形状以和预应力相协调。预应力分布必须调整以满足平衡，取得安全和经济的设计，并且预应力必须足够大以防止索的松弛现象，使结构具有足够的刚度。

非线性有限元法找形分析的基本思想是先将悬索结构离散为若干单元，然后针对悬索结构的大位移小应变状态，建立以节点位移为基本未知量的非线性有限元方程进行求解。

为了使找形后得到的悬索结构预应力值保持初始预应力值，需令结构发生大位移和大变形时不引起内力变化，在变形过程中结构的应力始终为初始预应力，在实际找形时可令本构关系失效。因此悬索结构的找形分析是一个假想的数学过程，而非真实的物理过程。

根据上述数学构想，需对平衡方程式(4-52)作一定的修正，具体来说，一是忽略结构的自重和外荷载的作用(即 $R = 0$)；二是为了使变形过程中结构的应力始终为初始预应力，在实际找形时不考虑本构关系的影响，即在总刚度矩阵形成中只形成非线性刚度矩阵，而置线性刚度矩阵为零(将索材的弹性模量设为0)，则非线性有限元法找形的基本方程为：

$$K_{NL}\Delta U = -F \tag{4-55}$$

非线性刚度矩阵可能出现奇异，从计算收敛等方面考虑，经验做法一般是置线性刚度矩阵为很小值，使结构在初始位形向目标位形过渡的过程中可以自由地变形，并且产生的附加应力很小，因此最终得到的初始平衡形状可以保持初始设定的预应力状态。在找形分析中，可通过将索材的弹性模量乘以一个折减系数 λ(在一般情况下，λ 的取值介于 $1 \times 10^{-6} \sim 1 \times 10^{-4}$ 之间比较合适)来实现，则相应的非线性有限元法找形的基本方程为：

$$(\lambda K_L + K_{NL})\Delta U = -F \tag{4-56}$$

形态分析后，结构各个节点的新坐标为：

$$x = x_0 + U = x_0 + \sum_{j=1}^{J} \Delta U_j \tag{4-57}$$

式中　　U——结构的节点位移；

　　　　ΔU_j——j 增量步内的节点位移增量；

　　　　J——预先确定的目标位移分步数。

在对悬索结构进行找形分析时，要首先假定一个初始形状，进行单元划分。找形分析中结构距离平衡位置较远时数值计算收敛速度很快，但当结构接近平衡位置时，其收敛速度要慢一些。因此，一般认为初始试形状可以不必与最终的平衡形状相近，而且考虑到最终的曲面平衡形状往往不易用简单的数学函数式表达或事先很难用曲面拟合的方法描述，可以选择平面投影形状作为初始试形状。

根据以上所述，找形分析的具体步骤如下：

（1）根据建筑师的设计，确定悬索结构的平面投影形状，进行单元划分。

（2）设定索的初始预拉力以及各项几何参数，将索材的弹性模量设为一小值。

（3）指定支撑最终位置（控制点的位置），按建筑师的设计将支撑点从平面位置逐步提升，令支座节点产生刚体位移，即输入已知的几何边界条件。

（4）通过迭代计算分析可得到一个初始平衡形状。

若所得形状不满意，可以调整索的布局及其预张力，重复步骤1)至4)）。

4.2.5 例题

图 4-15 是一个四边刚性支撑的菱形双曲索网，$z = 3.66\left(\dfrac{x}{36.6}\right)^2 - 3.66\left(\dfrac{y}{36.6}\right)^2$。对角线长（跨度）73.2m，

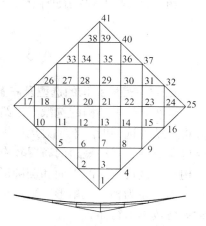

图 4-15　菱形双曲索网

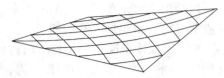

图 4-16　最终平衡形状

第 1、41 结点比第 17、25 结点低 7.32m。索弹性模量 $E = 2 \times 10^8 \text{kN/m}^2$，截面积 $A = 1.7 \times 10^{-3} \text{m}^2$，初始预拉力 $T = 800 \text{kN}$。

初始试形状取平面菱形。将四周边界设置到设计给定位置。经迭代计算求得平衡形状，如图4-16。由曲面方程得到的结点坐标与有限元法求得的结点坐标值进行比较，见表4-3（对称取 1/4，坐标值单位 m）。

有限元法计算双曲索网结点坐标与真实值比较（m）　表 4-3

结点号	3	7	8	13	14	15	21	22	23	24
真实值	− 2.058	− 0.915	− 0.686	− 0.228	0.0	− 0.686	0.6e − 8	0.228	0.915	2.058
本文值	− 2.053	− 0.909	− 0.683	− 0.224	− 0.9e − 7	0.683	0.0	0.224	0.909	2.053

图 4-17 表示索网上若干结点的挠度随均布荷载变化的情形，图 4-18 表示索网上若干索段（用索段的两结点表示：第 1 单元 1 − 3；第 18 单元 7 − 8；第 16 单元 15 − 16；第 36 单元 24-25）的内力随均布荷载变化的情形（均布荷载为单位水平投影面积上分布的竖向荷载）。从图 4-18 可以看出，第一索单元的内力逐渐减少，直至松弛，此时计算设拉力为零，忽略此单元的刚度贡献。可见索网结构的主索内力增加，而副索卸载，内力减少。

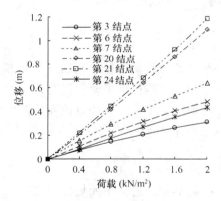

图 4-17　索网结点的挠度随均布荷载变化

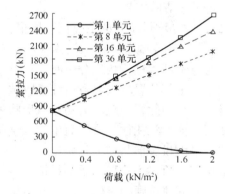

图 4-18　索网内力随均布荷载变化

4.3　悬索结构的设计和构造

4.3.1　悬索结构的选型及布置

虽然对悬索结构的选型很难给出一定的准则，但显然平面形状、跨度以及承受的荷载等将是结构选型的因素。对矩形平面可采用单层单向悬索，承重索沿长边方向布置，或双层单向悬索，索沿短边向布置较有利；在圆形平面中可采用单层或双层辐射状悬索及索网结构；在接近方形的平面和椭圆形平面中则选用索网结构较为合适。

当平面为梯形或扇形，采用单层或双层悬索体系时，索的两端支点应按等距离设置，索系可按不平行布置。

单层悬索体系应采用重屋面，双层悬索体系、索网结构宜采用轻屋面，也可采用重屋面。双层单向悬索屋盖应设置足够的支撑，以加强屋盖的整体性。

车辐式悬索布索时为了不使外环锚固孔过密而削弱环截面，上、下索宜错开布置，因此上、下索数量相等或呈倍数，以使外环受力均匀。

4.3.2 悬索结构的设计要点

1. 设计基本规定

（1）对单层悬索体系，当平面为矩形时，悬索两端支点可设计为等高或不等高，索的垂度可取跨度的 1/10 ～ 1/20；当平面为圆形时，中心受拉环与结构外环直径之比可取 1/8 ～ 1/17，索的垂度可取跨度的 1/10 ～ 1/20。对双层悬索体系，当平面为矩形时，承重索的垂度可取跨度的 1/15 ～ 1/20，稳定索的拱度可取跨度的 1/15 ～ 1/25；当平面为圆形时，中心受拉环与结构外环直径之比可取 1/5 ～ 1/12，承重索的垂度可取跨度的 1/17 ～ 1/22，稳定索的拱度可取跨度的 1/16 ～ 1/26。对索网结构，承重索的垂度可取跨度的 1/10 ～ 1/20，稳定索的拱度可取跨度的 1/15 ～ 1/30。

（2）悬索结构的承重索挠度与其跨度之比及承重索跨中竖向位移与其跨度之比不应大于下列数值：单层悬索体系 – 1/200（自初始几何态算起），双层悬索体系、索网结构 – 1/250（自预应力态算起）。

（3）钢索宜采用钢丝、钢绞线、热处理钢筋，质量要求应分别符合国家现行有关标准，即《预应力混凝土用钢丝》（GB 5223—2002）、《预应力混凝土用钢绞线》（GB 5224—2003）、《预应力混凝土用热处理钢筋》（GB 4463—1984）。钢丝、钢绞线、热处理钢筋的强度标准值、强度设计值、弹性模量应按表 4-4 采用。

钢索的抗拉强度标准值、设计值和弹性模量 表 4-4

项次	种类	公称直径 （mm）	抗拉强度标准值 （N/mm²）	抗拉强度设计值 （N/mm²）	弹性模量 （N/mm²）
1	钢丝	4	1470	610	2.0×10^5
		5	1670	696	
		6	1570	654	
		7、8、9	1470	610	
2	钢绞线	9.5、11.1、12.7 （1×7）	1860	775	1.95×10^5
		15.2（1×7）	1720	717	
		10.0、12.0 （1×2）	1720	717	
		10.8、12.9 （1×3）	1720	717	
3	热处理钢筋	6、8.2、10	1470	610	2.0×10^5

（4）悬索结构的计算应按初始几何状态、预应力状态和荷载状态进行，并充分考虑几何非线性的影响。

（5）在确定预应力状态后，应对悬索结构在各种情况下的永久荷载与可变荷载下进行内力、位移计算；并根据具体情况，分别对施工安装荷载、地震和温度变化等作用下的内力、位移进行验算。在计算各个阶段各种荷载情况的效应时应考虑加载次序的影响。悬索结构内力和位移可按弹性阶段进行计算。

（6）作为悬索结构主要受力构件的柔性索只能承受拉力，设计时应防止各种情况下引起的索松弛而导致不能保持受拉情况的发生。

（7）设计悬索结构应采取措施防止支承结构产生过大的变形，计算时应考虑支承结构变形的影响。

（8）当悬索结构的跨度超过100m且基本风压超过 $0.7kN/m^2$ 时，应进行风的动力响应分析，分析方法宜采用时程分析法或随机振动法。

（9）对位于抗震设防烈度为8度或8度以上地区的悬索结构应进行地震反应验算。

2. 荷载

悬索结构设计时除索中预应力外，所考虑的荷载与一般结构相同，这些荷载有：

（1）恒载：包括覆盖层、保温层、吊顶、索等自重。按现行国家标准《建筑结构荷载规范》（GB 50009—2001）进行计算。

（2）活载：包括保养、维修时的施工荷载。按《建筑结构荷载规范》（GB 50009—2001）取用。对于悬索结构，一般取 $0.3kN/mm^2$，不与雪荷载同时考虑。

（3）雪载：基本雪压值按《建筑结构荷载规范》（GB 50009—2001）取用，在悬索结构中应根据屋盖的外形轮廓考虑雪荷载不均匀分布所产生的不利影响，并应按多种荷载情况进行静力分析。当平面为矩形、圆形或椭圆形时，不同形状屋面上需考虑的雪荷载情况及积雪分布系数可参考图 4-19 采用。复杂形状的悬索结构屋面上的雪荷载分布情况应按当地实际情况确定。

（4）风载：基本风压值按《建筑结构荷载规范》（GB 50009—2001）取用，风荷载的体型系数宜进行风洞试验确定，对矩形、菱形、圆形及椭圆形等规则曲面的风荷载的体型系数可参考表 4-5 采用。对轻型屋面应考虑风压脉动影响。

（5）动荷载：考虑风力、地震作用等对屋盖的动力影响。

（6）预应力：为了在荷载作用下不使钢索发生松弛和产生过大的变形，需将钢索的变形控制在一定的范围之内；为了避免发生共振现象，需将体系的固有频率控制在一定的范围之内。这要求屋盖具有一定的刚度，因此，必须在索中施加预应力，预应力的取值一般应根据结构形式、活载与恒载比值以及结构最大位移的控制值等因素通过多次试算确定。

（7）安装荷载：应分别考虑每一安装过程中安装荷载对结构的影响，在边缘构件和支承结构中常常会出现较大的安装应力。

结构的蠕变和温度变化将导致钢索和结构刚度减小，在结构设计中还应考虑它们的影响。

对非抗震设计，荷载效应组合应按《建筑结构荷载规范》（GB 50009—2001）计算。在截面及节点设计中，应按荷载的基本组合确定内力设计值，在位移计算中应按荷载短期效应组合确定其挠度。

对抗震设计，应按《建筑抗震设计规范》（GB 50011—2001）确定屋盖重力荷载代表值。

3. 钢索设计

悬索结构中的钢索可根据结构跨度、荷载、施工方法和使用条件等因素，分别采用有高强钢丝组成的钢绞线、钢丝绳或平行钢丝束，其中钢绞线和平行钢丝束最为常用。但也可采用圆钢筋或带状薄钢板。

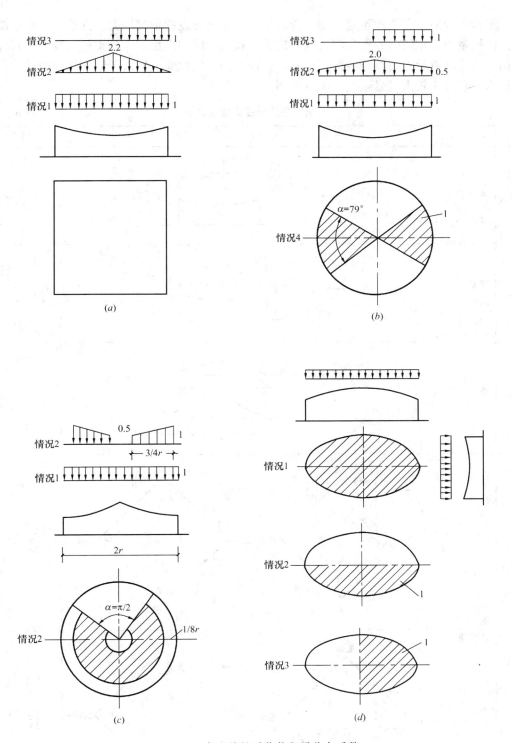

图 4-19 悬索屋盖的雪荷载积雪分布系数 μ_T

（a）矩形平面、单曲下凹屋面；（b）圆形平面、碟形屋面；

（c）圆形平面、伞形屋面；（d）椭圆形平面、马鞍形屋面

平行钢丝束中各钢丝不经缠绕，受力均匀，能充分发挥钢材的力学性能，其承载能力和弹性模量均较钢绞线或钢丝绳为高，造价也较低，应用广泛，在悬索拉力较大时宜优先采用；在相同直径下，钢绞线的强度和弹性模量高于钢丝绳，但由于钢丝绳比较柔软，在需要弯曲且曲率较大的悬索结构中宜采用。

悬索屋盖的风载体型系数 μ_s　　　　　表 4-5

项次	平面体型	体型系数 μ_s	使用条件
1	矩形平面单曲下凹屋面	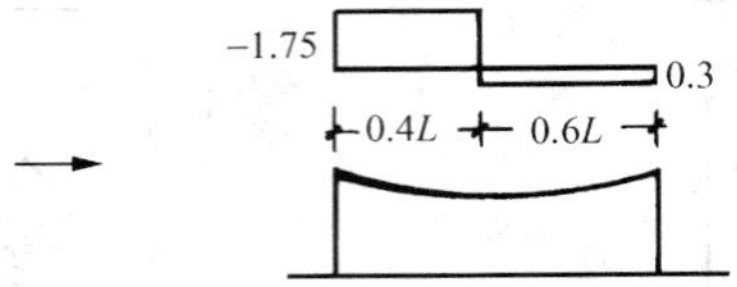 -1.75　　0.3 ← $0.4L$　$0.6L$	$\dfrac{f_b}{L}=\dfrac{1}{20}-\dfrac{1}{10}$
2	圆形平面碟形屋面	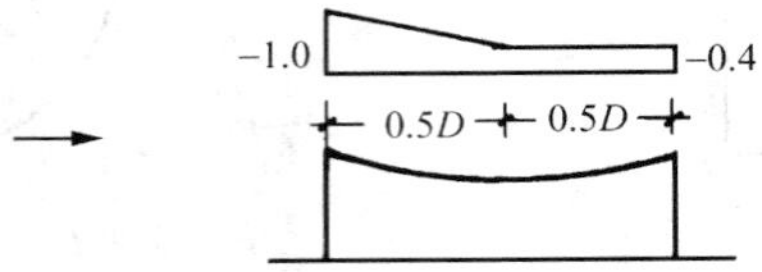 -1.0　　-0.4 ← $0.5D$　$0.5D$	$\dfrac{f_b}{D}=\dfrac{1}{20}-\dfrac{1}{10}$
3	圆形平面伞形屋面	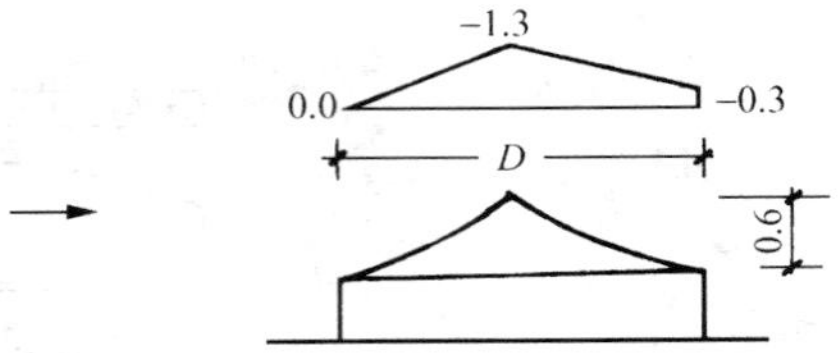 -1.3　0.0　-0.3 ← D　0.6	$\dfrac{a_b}{D}=\dfrac{1}{20}-\dfrac{1}{10}$
4	菱形平面马鞍形屋面	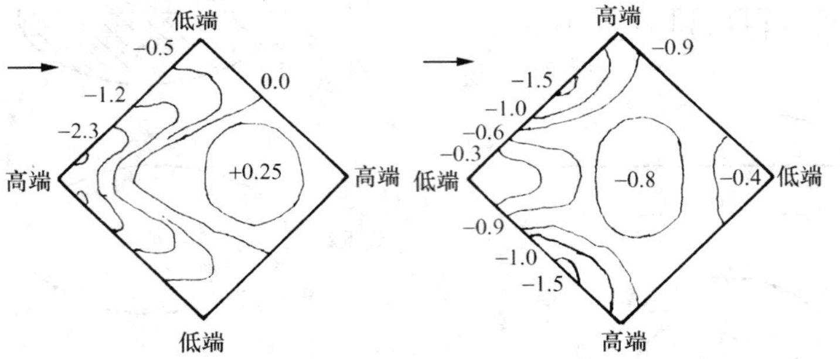 低端 -0.5　0.0　-1.2　-2.3　高端　$+0.25$　高端　低端 高端 -0.9　-1.5　-1.0　-0.6　-0.3　-0.8　-0.4 低端　-0.9　-1.0　-1.5 高端；低端 -0.5　0.0　-1.0　-2.0　-2.7 高端　$+0.15$　高端　低端 高端 -1.6　-0.8　-0.4　-0.6　-0.4 低端 高端	$\dfrac{f_{dm}}{2a}=\dfrac{1}{10}$ ；$\dfrac{f_{dm}}{2a}=\dfrac{1}{12}$

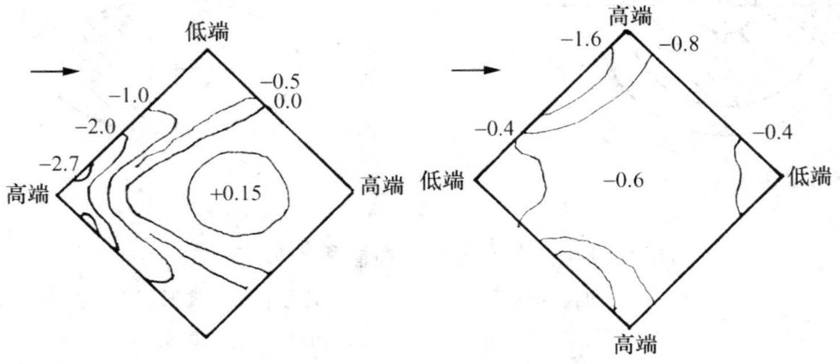

项次	平面体型	体型系数 μ_s	使用条件

| 4 | 菱形平面
马鞍形屋面 | 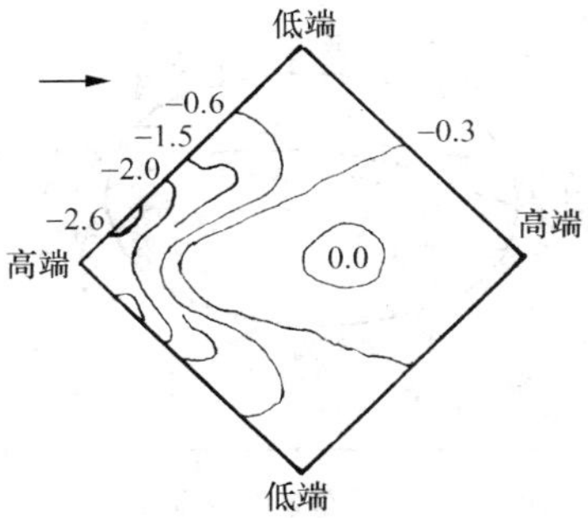 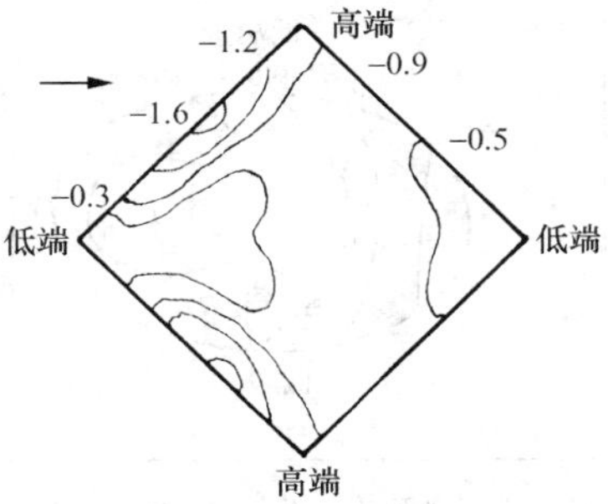 | $\dfrac{f_{dm}}{2a}=\dfrac{1}{16}$ |

低端 −0.6 −1.5 −2.0 −2.6 高端 −0.3 高端 0.0 低端

高端 −1.2 −0.9 −1.6 −0.3 低端 −0.5 高端 高端

| 5 | 圆形平面
马鞍形屋面 | 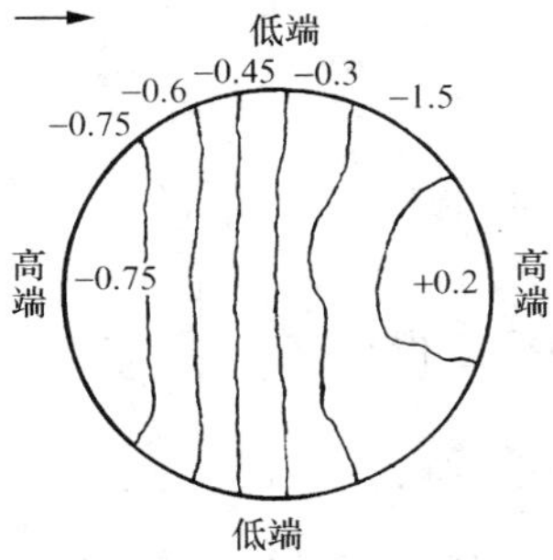 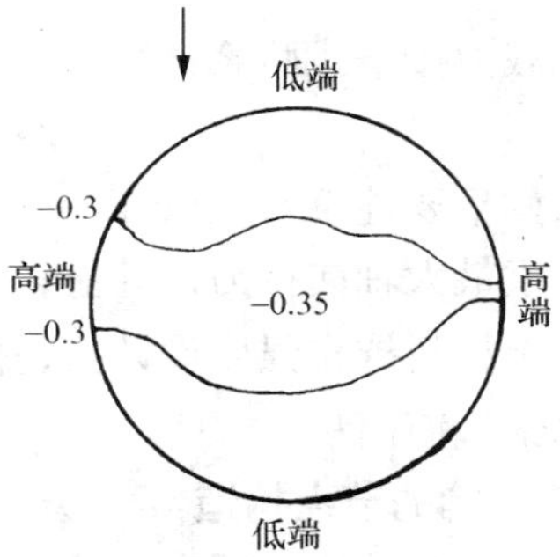 | $\dfrac{f_{bm}}{2R}=\dfrac{1}{11}$

$\dfrac{f_{sm}}{2R}=\dfrac{1}{17}$ |

低端 −0.6 −0.45 −0.3 −1.5 −0.75 高端 −0.75 +0.2 高端 低端

低端 −0.3 高端 −0.35 高端 −0.3 低端

| 6 | 椭圆平面
马鞍形屋面 | 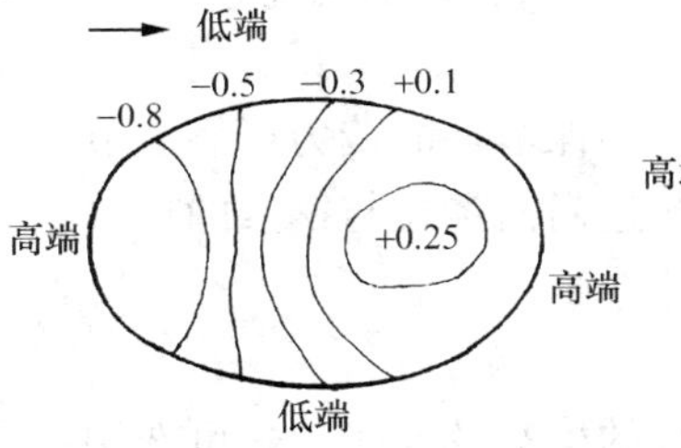 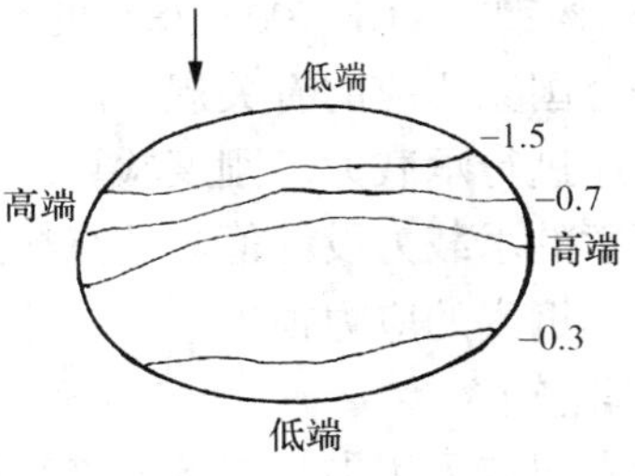 | $\dfrac{f_{bm}}{2a}=\dfrac{1}{14.3}$

$\dfrac{f_{sm}}{2b}=\dfrac{1}{22.5}$ |

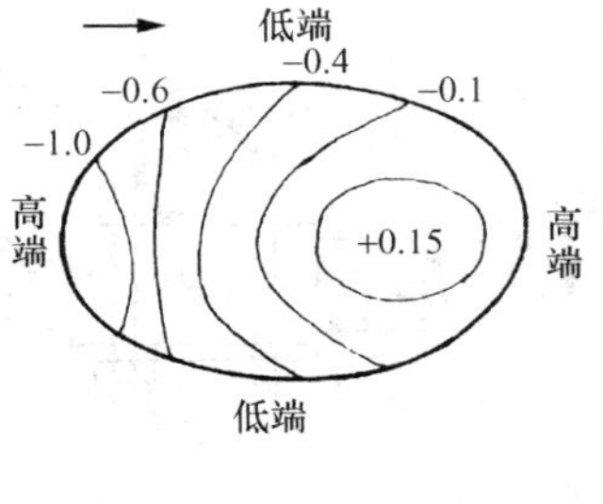

低端 −0.8 −0.5 −0.3 +0.1 高端 +0.25 高端 低端

低端 −1.5 高端 −0.7 高端 −0.3 低端

低端 −0.6 −0.4 −0.1 −1.0 高端 +0.15 高端 低端

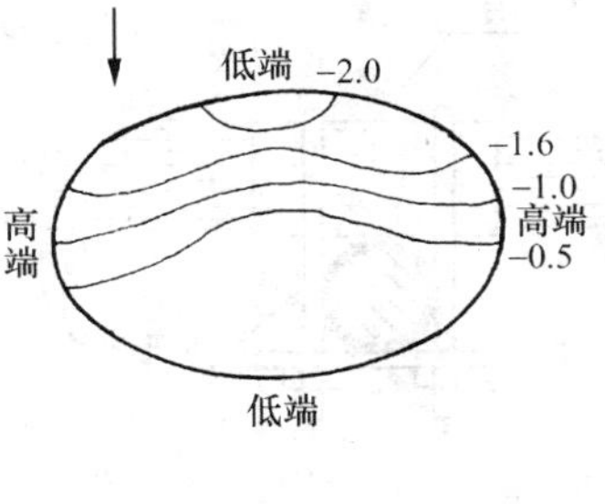

低端 −2.0 −1.6 高端 −1.0 高端 −0.5 低端

$\dfrac{f_{bm}}{2a}=\dfrac{1}{17.5}$

$\dfrac{f_{sm}}{2b}=\dfrac{1}{26.5}$

149

项次	平面体型	体型系数 μ_s	使用条件
6	椭圆平面马鞍形屋面	低端 −0.8 −0.6 −0.3 −1.2 高端 高端 0.0 高端 低端 低端 −1.85 −1.6 高端 −1.0 −0.6 低端	$\dfrac{f_{bm}}{2a}=\dfrac{1}{28}$ $\dfrac{f_{sm}}{2b}=\dfrac{1}{45}$

注：表中 D、R——圆形平面的直径、半径；L—索的跨度；a_b—承重索的两端支座高差；f_b—承重索的垂度；

$\quad f_{dm}$—菱形平面中央承重索的垂度和中央稳定索的拱度；f_{bm}—椭圆、圆形平面中央承重索的垂度；

$\quad f_{sm}$—椭圆、圆形平面中央稳定索的拱度；α、b—椭圆或菱形平面的长向与短向的半轴长度。

单索截面根据承载力按下式验算：

$$\gamma_0 N_d \leqslant f_{td}A \tag{4-58}$$

式中　γ_0——结构重要性系数，取 $\gamma_0 = 1.1$ 或 1.2；

$\quad N_d$——单索最大轴向拉力设计值；

$\quad f_{td}$——单索材料抗拉强度设计值，由表 4-3 查得；

$\quad A$——单索截面面积。

4.3.3　悬索结构的节点构造

节点的构造应符合结构分析中的计算假定。其所选用的钢材及节点中连接的材料应按国家标准《钢结构设计规范》（GB 50017—2003）、《混凝土结构设计规范》（GB 50010—2002）及《碳素结构钢》（GB 700—88）的规定。节点采用铸造、锻压或其它加工方法进行制作时尚应符合国家相应的有关规定。

节点及连接应进行承载力、刚度验算以确保节点的传力可靠。节点和钢索的连接件的承载力应大于钢索的承载力设计值。节点构造尚需考虑与钢索的连接相吻合，以消除可能出现的构造间隙和钢索的应力损失。

1. 钢索与钢索连接

钢索与钢索之间应采用夹具连接，夹具的构造及连接方式可选用：①U 形夹连接（图4-20）；②夹板连接（图 4-21）。

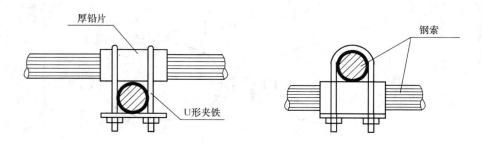

图 4-20　U 形夹连接

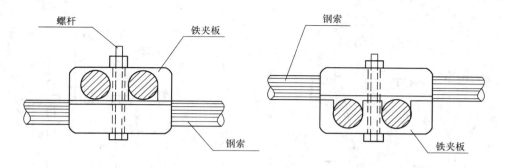

图 4-21 夹板连接

2．钢索连接件

钢索的连接件可选用下列几种形式：①挤压螺杆（图 4-22）；②挤压式连接环（图 4-23）；③冷铸式连接环（图 4-24）；④冷铸螺杆（图 4-25）。

3．钢索与屋面板连接

钢索与钢筋混凝土屋面板的连接构造可用连接板连接（图 4-26）或板内伸出钢筋连接（图 4-27）。

4．钢索支承节点

（1）锚具

钢索的锚具必须满足国家标准《预应力筋用锚具、夹具和连接器》（GB/T 14370—2000）中的 I 类锚具标准，并按国家建设行业标准《预应力筋锚具、夹具和连接器应力技术规程》（JGJ 85—2002）的设计要求进行制作、张拉和验收。

锚具选用的主要原则是与钢索的品种规格及张拉设备相配套。钢丝束最常用的锚具是钢丝束墩头锚具，又叫 BBRV 体系。这种锚具具有张拉方便、锚固可靠、抗疲劳性能优异、成本较低等特点，还可节约两端伸出的预应力钢丝，但对钢丝等长下料要求较严，人工也较费。另一种比较常用的是锥形螺杆锚具，用于锚固 Φ5 高强钢丝束。钢绞线通常均为夹片式锚具，夹片有两片式、三片式和多片式，其数量一般为 1～12 个，依据夹持的钢

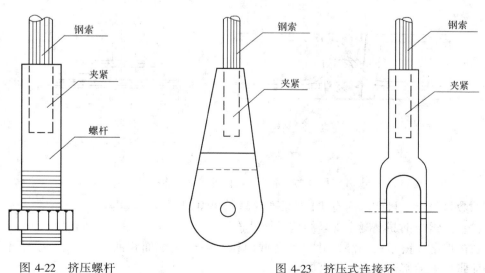

图 4-22　挤压螺杆　　　　　　　图 4-23　挤压式连接环

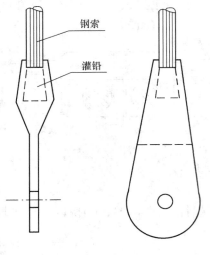

图 4-24　冷铸式连接环

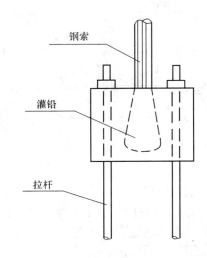

图 4-25　冷铸螺杆

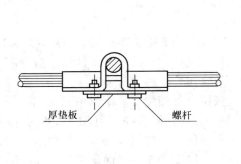

图 4-26　连接板连接

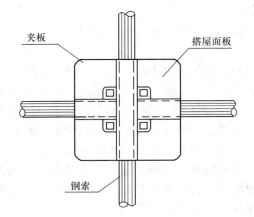

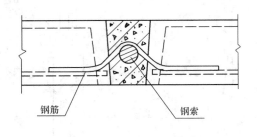

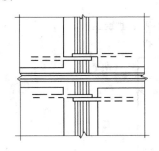

图 4-27　混凝土板内伸出钢筋连接

绞线的数量而定。目前国内有 JM 型系列锚具、OVM 型系列锚具等。

（2）钢索与钢筋混凝土支承结构及构件连接

在构件上预留索孔和灌浆孔，索孔截面积一般为索截面积的 2～3 倍，以便于穿索，并保证张拉后灌浆密实（图 4-28）。

（3）钢索与钢支承结构及构件连接（图4-29）。

（4）钢索与柔性边索连接（图4-30）。

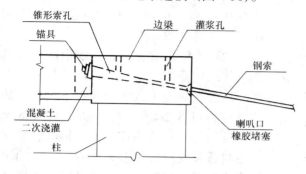

图4-28 钢索与钢筋混凝土支承结构的连接　　图4-29 钢索与钢支承结构和构件连接

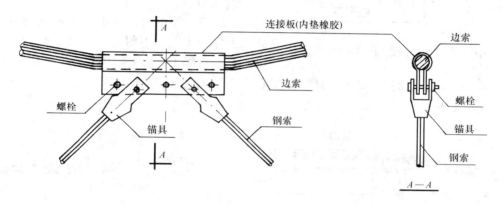

图4-30 钢索与柔性边索连接

5. 钢索与中心环的连接

（1）单层索系与中心受拉环的连接可采用图4-31的构造。

（2）双层索系与中心受拉环的连接可采用图4-32的构造。

（3）双层索系与中心构造环的连接可采用图4-33的构造。

6. 钢索与檩条的连接构造可按图4-34选用。

7. 拉索的锚固可根据拉力的大小、倾角和地基土等条件用下列方法：①重力式；②板式；③挡土墙式；④桩式。

4.3.4 悬索结构的施工

1. 钢索制作

钢索的制作一般需经下料、编

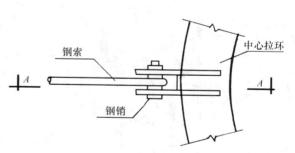

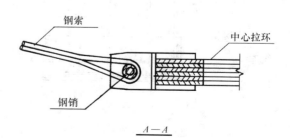

图4-31 单层索系与中心受拉环的连接

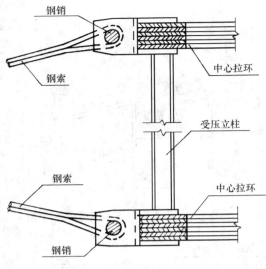

图 4-32 双层索系与中心受拉环的连接

束、预张拉及防护等几个程序。

（1）钢绞线下料前必须进行预张拉，张拉值可取索抗拉强度标准值的 50% ~ 65%，持荷 1 ~ 2 小时。

（2）为使钢索受荷后各根钢丝或各股钢绞线均匀受力，下料时应尺寸精确、等长，一般在一定张拉应力状态下下料，其张拉应力可取 200 ~ 300N/mm²，每根钢丝或钢绞线的张拉应力应一致，钢丝、钢绞线下料后长度允许偏差为 5mm。钢索的切断应采用砂轮切割机，不能采用电弧切割或气切割。

（3）编束时，每根钢丝或钢绞线应相互保持平行，不得互相搭压、扭曲，成束后，每隔 1m 左右要用铁丝缠绕扎紧。

（4）已制好的索进行防腐处理，并经编号后平直堆放，防止雨淋、油污。

2. 钢索安装

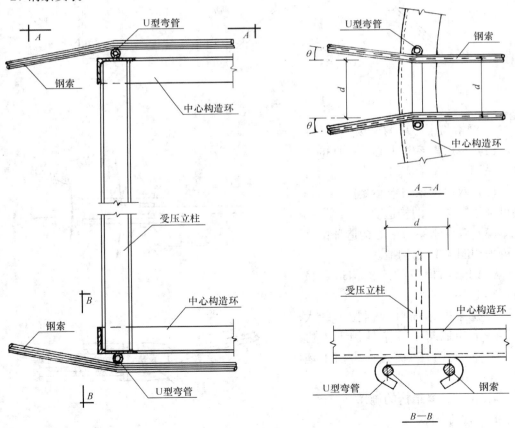

图 4-33 双层索系与中心构造环的连接

154

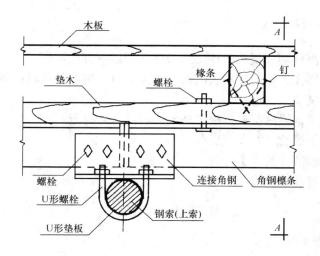

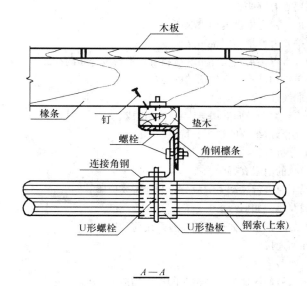

$$A—A$$

图 4-34 钢索与檩条的连接

（1）钢索两端支承构件预应力孔的间距允许偏差为 $L/3000$（ L 为跨距），并不大于 20mm。

（2）穿索时应先穿承重索，后穿稳定索，并根据设计的初始几何状态曲面和预应力值进行调整，其偏差宜控制在 10% 以内。

（3）各种屋面构件必须对称地进行安装。

3. 钢索张拉

（1）千斤顶在张拉前应进行率定，率定时应由千斤顶主动顶试验机，绘出曲线供现场使用。千斤顶在张拉过程中宜每周率定一次。

（2）对索施加预应力时，应按设计提供的分阶段张拉预应力值进行，每个阶段尚应根据结构情况分成若干级，并对称张拉。每个张拉级差不得使边缘构件和屋面构件的变形过大。各阶段张拉后，张拉力允许偏差不得大于 5%，垂度及拱度的允许偏差不得大于

10%。

4. 钢索防腐

钢索的防腐应根据使用环境和具体施工条件选用以下方法：

（1）黄油裹布。即在编好的钢索表面涂满黄油一道，用布条或麻布条缠绕包裹进行密封，涂油和裹布均重复 2～3 道。

（2）多层塑料涂层，该涂层材料浸以玻璃加筋的丙烯树脂。

（3）多层液体氯丁橡胶，并在表层覆以油漆。

（4）塑料套管内灌液体的氯丁橡胶。

（5）采用镀锌钢丝或钢绞线。

复 习 思 考 题

1. 简述索网结构的组成及特点。

2. 简述悬索结构特点。

3. 悬索结构选型及布置要点有哪些？

4. 悬索结构中承重索垂度、稳定索拱度如何取值？

5. 在何条件下，单索水平张力分量 H 为常量？

6. 为什么在工程设计中，常可将沿索长分布的荷载看作沿跨度分布的荷载？

7. 简述悬索结构理论中单索的基本方程包括的内容。

8. 何为悬索结构的几何非线性？

9. 分别简述单向单层悬索结构和单向双层悬索结构的组成、特点。

10. 简述辐射式单层、双层悬索结构的组成、特点。

11. 何为悬索结构的找形分析？

12. 影响悬索结构初始形状的因素有哪些？

13. 悬索结构在何种情况下应进行风动力响应分析和地震反应验算？

14. 悬索结构设计时雪载及风载如何考虑？

15. 悬索结构中常用哪些类型钢索？如何选用？各采用何种锚具？

16. 钢索与钢索相交处如何连接？

17. 钢索的连接件可采用哪些形式？

18. 钢索与钢筋混凝土屋面板如何连接？与檩条的连接构造怎样？

19. 钢索与钢筋混凝土梁、钢梁及柔性边索的连接构造怎样？

20. 钢索与中心环如何连接？

21. 悬索结构施工时应注意哪些？

22. 钢索的防腐方法有哪些？

23. 简述有限单元法进行悬索结构找形和受力分析的基本思想和步骤。

24. 有限单元法中如何进行索单元的松弛处理？

25. 设有承受均布荷载的抛物线索。已知：$A = 1209\text{mm}^2$，$E = 2.0 \times 10^5 \text{N/mm}^2$，$L = 18\text{m}$，初始态 $H_0 = 27\text{kN}$；$q_0 = 0.25\text{kN/m}$，终态 $q = 1.1\text{kN/m}$。试求索内水平张力 H 及索在始态和终态的跨中垂度。

附录 管材的截面特性

1. 无缝钢管的规格及截面特性（按 GB 8162—99 计算）

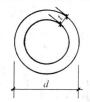

I——截面惯性矩；

W——截面抵抗矩；

i——截面回转半径。

附表 1

尺寸 (mm)		截面面积	每米重量	截面特性			尺寸 (mm)		截面面积	每米重量	截面特性		
d	t	A (cm²)	(kg/m)	I (cm⁴)	W (cm³)	i (cm)	d	t	A (cm²)	(kg/m)	I (cm⁴)	W (cm³)	i (cm)
32	2.5	2.32	1.82	2.54	1.59	1.05	60	3.0	5.37	4.22	21.88	7.29	2.02
	3.0	2.73	2.15	2.90	1.82	1.03		3.5	6.21	2.88	24.88	8.29	2.00
	3.5	3.13	2.46	3.23	2.02	1.02		4.0	7.04	5.52	27.73	9.24	1.98
	4.0	3.52	2.76	3.52	2.20	1.00		4.5	7.85	6.16	30.41	10.14	1.97
38	2.5	2.79	2.19	4.41	2.32	1.26		5.0	8.64	6.78	32.94	10.98	1.95
	3.0	3.30	2.59	5.09	2.68	1.24		5.5	9.42	7.39	35.32	11.77	1.94
	3.5	3.79	2.98	5.70	3.00	1.23		6.0	10.18	7.99	37.56	12.52	1.92
	4.0	4.27	3.35	6.26	3.29	1.21	63.5	3.0	5.70	4.48	26.15	8.24	2.14
42	2.5	3.10	2.44	6.07	2.89	1.40		3.5	6.60	5.18	29.79	9.38	1.12
	3.0	3.68	2.89	7.03	3.35	1.38		4.0	7.48	5.87	33.24	10.47	2.11
	3.5	4.23	3.32	7.91	3.77	1.37		4.5	8.34	6.55	36.50	11.50	2.09
	4.0	4.78	3.75	8.71	4.15	1.35		5.0	9.19	7.21	39.60	12.47	2.08
45	2.5	3.34	2.62	7.56	3.36	1.51		5.5	10.02	7.87	42.52	13.39	2.06
	3.0	3.96	3.11	8.77	3.90	1.49		6.0	10.84	8.51	25.28	14.26	2.04
	3.5	4.56	3.58	9.89	4.40	1.47	68	3.0	6.13	4.81	32.42	9.54	2.30
	4.0	5.15	4.04	10.93	4.86	1.46		3.5	7.09	5.57	36.99	10.88	2.28
50	2.5	3.73	2.93	10.55	4.22	1.68		4.0	8.04	6.31	41.34	12.16	2.27
	3.0	4.43	3.48	12.28	4.91	1.67		4.5	8.98	7.05	45.47	13.37	2.25
	3.5	5.11	4.01	13.90	4.56	1.65		5.0	9.90	7.77	49.41	14.53	2.23
	4.0	5.78	4.54	15.41	6.16	1.63		5.5	10.80	8.48	53.14	15.63	2.22
	4.5	6.43	5.05	16.81	6.72	1.62		6.0	11.69	9.17	56.68	16.67	2.20
	5.0	7.07	5.55	18.11	7.25	1.60	70	3.0	6.31	4.96	35.50	10.14	2.37
54	3.0	4.81	3.77	15.68	5.81	1.81		3.5	7.31	5.74	40.53	11.58	2.35
	3.5	5.55	4.36	17.79	6.59	1.79		4.0	8.29	6.51	45.33	12.95	2.34
	4.0	6.28	4.93	19.76	7.32	1.77		4.5	9.26	7.27	29.89	14.26	2.32
	4.5	7.00	5.49	21.61	8.00	1.76		5.0	10.21	8.01	54.24	15.50	2.30
	5.0	7.70	6.04	23.34	8.64	1.74		5.5	11.14	8.75	58.38	16.68	2.29
	5.5	8.38	6.58	24.96	9.24	1.73		6.0	12.06	9.47	62.31	17.80	2.27
	6.0	9.05	7.10	26.46	9.80	1.71	73	3.0	6.60	5.18	40.48	11.09	2.48
57	3.0	5.09	4.00	18.61	6.53	1.91		3.5	7.64	6.00	46.26	12.67	2.46
	3.5	5.88	4.62	21.14	7.42	1.90		4.0	8.67	6.81	51.78	14.19	2.44
	4.0	6.66	5.23	23.52	8.25	1.88		4.5	9.68	7.60	57.04	15.63	2.43
	4.5	7.42	5.83	25.76	9.04	1.86		5.0	10.68	8.38	62.07	17.01	2.41
	5.0	8.17	6.41	27.86	9.78	1.85		5.5	11.66	9.16	66.87	18.32	2.39
	5.5	8.90	6.99	29.84	10.47	1.83		6.0	12.63	9.91	71.43	19.57	2.38
	6.0	9.16	7.55	31.69	11.12	1.82	76	3.0	6.88	5.40	45.91	12.08	2.58
								3.5	7.97	6.26	52.50	13.82	2.57
								4.0	9.05	7.10	58.81	15.48	2.55
								4.5	10.11	7.93	64.85	17.07	2.53
								5.0	11.15	8.75	70.62	18.59	2.52
								5.5	12.18	9.56	76.14	20.04	2.50
								6.0	13.19	10.36	81.41	21.42	2.48

尺寸 (mm)		截面面积 A (cm²)	每米重量 (kg/m)	截面特性			尺寸 (mm)		截面面积 A (cm²)	每米重量 (kg/m)	截面特性		
d	t			I (cm⁴)	W (cm³)	i (cm)	d	t			I (cm⁴)	W (cm³)	i (cm)
83	3.5	8.74	6.86	69.19	16.67	2.81	121	4.0	14.70	11.54	251.87	41.63	4.14
	4.0	9.93	7.79	77.64	18.71	2.80		4.5	16.47	12.93	279.83	46.25	4.12
	4.5	11.10	8.71	85.76	20.67	2.78		5.0	18.22	14.30	307.05	50.75	4.11
	5.0	12.25	9.62	93.56	22.54	2.76		5.5	19.96	15.67	333.54	55.13	4.09
	5.5	13.39	10.51	101.04	24.35	2.75		6.0	21.68	17.02	359.32	59.39	4.07
	6.0	14.51	11.39	108.22	26.08	2.73		6.5	23.38	18.35	384.40	63.54	4.05
	6.5	15.62	12.26	115.10	27.74	2.71		7.0	25.07	19.68	408.80	67.57	4.04
	7.0	16.71	13.12	121.69	29.32	2.70		7.5	26.74	20.99	432.51	71.49	4.02
								8.0	28.40	22.29	455.57	75.30	4.01
89	3.5	9.40	7.38	86.05	19.34	3.03	127	4.0	15.46	12.13	292.61	46.08	4.35
	4.0	10.68	8.38	96.68	21.73	3.01		4.5	17.32	13.59	325.29	51.23	4.33
	4.5	11.95	9.38	106.92	24.03	2.99		5.0	19.16	15.04	357.14	56.24	4.32
	5.0	13.19	10.36	116.79	26.24	2.98		5.5	20.99	16.48	388.19	61.13	4.30
	5.5	14.43	11.33	126.29	28.38	2.96		6.0	22.81	17.90	418.44	65.90	4.28
	6.0	15.75	12.28	135.43	30.43	2.94		6.5	24.61	19.32	447.92	70.54	4.27
	6.5	16.85	13.22	144.22	32.41	2.93		7.0	26.39	20.72	476.63	75.06	4.25
	7.0	18.03	14.16	152.67	34.31	2.91		7.5	28.16	22.10	504.58	79.46	4.23
								8.0	29.91	23.48	531.80	83.75	4.22
95	3.5	10.06	7.90	105.45	22.20	3.24	133	4.0	16.21	12.73	337.53	50.76	4.56
	4.0	11.44	8.98	118.60	24.97	3.22		4.5	18.17	14.26	375.42	56.45	4.55
	4.5	12.79	10.04	131.31	27.64	3.20		5.0	20.11	15.78	412.40	62.02	4.53
	5.0	14.14	11.10	143.58	30.23	3.19		5.5	22.03	17.29	448.50	67.44	4.51
	5.5	15.46	12.14	155.43	32.72	3.17		6.0	23.94	18.79	483.72	72.74	4.50
	6.0	16.78	13.17	166.86	35.13	3.15		6.5	25.83	20.28	518.07	77.91	4.48
	6.5	18.07	14.19	177.89	37.45	3.14		7.0	27.71	21.75	551.58	82.94	4.46
	7.0	19.35	15.19	188.51	39.69	3.12		7.5	29.57	23.21	584.25	87.86	4.45
								8.0	31.42	24.66	616.11	92.65	4.43
102	3.5	10.83	8.50	131.52	25.79	3.48	140	4.5	19.16	15.04	440.12	62.87	4.79
	4.0	12.32	9.67	148.09	29.04	3.47		5.0	21.21	16.65	483.76	69.11	4.78
	4.5	13.78	10.82	164.14	32.18	3.45		5.5	23.24	18.24	526.40	75.21	4.76
	5.0	15.24	11.96	179.68	35.23	3.43		6.0	25.26	19.83	568.06	81.15	4.74
	5.5	16.67	13.09	194.72	38.18	3.42		6.5	27.26	21.40	608.76	86.97	4.73
	6.0	18.10	14.21	209.28	41.03	3.40		7.0	29.25	22.96	648.51	92.64	4.71
	6.5	19.50	15.31	223.35	43.79	3.38		7.5	31.22	24.51	687.32	98.19	4.69
	7.0	20.89	16.40	236.96	46.46	3.37		8.0	33.18	26.04	725.21	103.60	4.68
								9.0	37.04	29.08	798.29	114.04	4.64
								10	40.84	32.06	867.86	123.98	4.61
108	4.0	13.06	10.26	177.00	32.78	3.68	146	4.5	20.00	15.70	501.16	68.65	5.01
	4.5	14.62	11.49	196.35	36.36	3.66		5.0	22.15	17.39	551.10	75.49	4.99
	5.0	16.17	12.70	215.12	39.84	3.65		5.5	24.28	19.06	599.95	82.19	4.97
	5.5	17.70	13.90	233.32	43.21	3.63		6.0	26.392	22.72	647.73	88.73	4.95
	6.0	19.22	15.09	250.97	46.48	3.61		6.5	8.49	22.36	694.44	95.13	4.94
	6.5	20.72	16.27	268.08	49.64	3.60		7.0	30.57	24.00	740.12	101.39	4.92
	7.0	22.20	17.44	284.65	52.71	3.58		7.5	32.63	25.62	784.77	107.50	4.90
	7.5	23.67	18.59	300.71	55.69	3.56		8.0	34.68	27.23	828.41	113.48	4.89
	8.0	25.12	19.73	316.25	58.57	3.55		9.0	38.74	30.41	912.71	125.03	4.85
								10	42.73	33.54	993.16	136.05	4.82
114	4.0	13.82	10.85	209.35	36.73	3.89	152	4.5	20.85	16.37	567.61	74.69	5.22
	4.5	15.48	12.15	232.41	40.77	3.87		5.0	23.09	18.13	624.43	82.16	5.20
	5.0	17.12	13.44	254.81	44.70	3.86		5.5	25.31	19.87	680.06	89.48	5.18
	5.5	18.75	14.72	276.58	48.52	3.84		6.0	27.52	21.60	734.52	96.65	5.17
	6.0	20.36	15.98	297.73	52.23	3.82		6.5	29.71	23.32	787.82	103.66	5.15
	6.5	21.95	17.23	318.26	55.84	3.81		7.0	31.89	25.03	839.99	110.52	5.13
	7.0	23.53	18.47	338.19	59.33	3.79		7.5	34.05	26.73	891.03	117.24	5.12
	7.5	25.09	19.70	357.58	62.73	3.77		8.0	36.19	28.41	940.97	123.81	5.10
	8.0	26.64	20.91	376.30	66.02	3.76		9.0	40.43	31.74	1037.59	136.53	5.07
								10	44.61	35.02	1129.99	148.68	5.03

尺寸 (mm)		截面面积 A (cm²)	每米重量 (kg/m)	截面特性			尺寸 (mm)		截面面积 A (cm²)	每米重量 (kg/m)	截面特性		
d	t			I (cm⁴)	W (cm³)	i (cm)	d	t			I (cm⁴)	W (cm³)	i (cm)
159	4.5	21.84	17.15	652.27	82.05	5.46	219	6.0	40.15	31.52	2278.74	208.10	7.53
	5.0	24.19	18.99	717.88	90.30	5.45		6.5	43.39	34.06	2451.64	223.89	7.52
	5.5	26.52	20.82	782.18	98.39	5.43		7.0	46.62	36.60	2622.04	239.46	7.50
	6.0	28.84	22.64	845.19	106.31	5.41		7.5	49.83	39.12	2789.96	254.79	7.48
	6.5	31.14	24.45	906.92	114.08	5.40		8.0	53.03	41.63	2955.43	269.90	7.47
	7.0	33.43	26.24	967.41	121.69	5.38		9.0	59.38	46.61	3279.12	299.46	7.43
	7.5	35.70	28.02	1026.65	129.14	5.36		10	65.66	51.54	3593.29	328.15	7.40
	8.0	37.95	29.79	1084.67	136.44	5.35		12	78.04	61.26	4193.81	383.00	7.33
	9.0	42.41	33.29	1197.12	150.58	5.31		14	90.16	70.78	4758.50	434.57	7.26
	10	46.81	36.75	1304.88	164.14	5.28		16	102.04	80.10	5288.81	483.00	7.20
168	4.5	23.11	18.14	772.96	92.02	5.78	245	6.5	48.70	38.23	3465.46	282.89	8.44
	5.0	25.60	20.10	851.14	101.33	5.77		7.0	52.34	41.08	3709.06	302.78	8.42
	5.5	28.08	22.04	927.85	110.46	5.75		7.5	55.96	43.93	3949.52	322.41	8.40
	6.0	30.54	23.97	1003.12	119.42	5.73		8.0	59.56	46.76	4186.87	341.79	8.38
	6.5	32.98	25.89	1076.95	128.21	5.71		9.0	66.73	52.38	4652.32	379.78	8.35
	7.0	35.41	27.79	1149.36	136.83	5.70		10	73.83	57.95	5105.63	416.79	8.32
	7.5	37.82	29.69	1220.38	145.28	5.68		12	87.84	68.95	5976.67	487.89	8.25
	8.0	40.21	31.57	1290.01	153.57	5.66		14	101.60	79.76	6801.68	555.24	8.18
	9.0	44.96	35.29	1425.22	169.67	5.63		16	115.11	90.36	7582.30	618.96	8.12
	10	49.64	38.97	1555.13	185.13	5.60	273	6.5	54.42	42.72	4834.18	354.15	9.42
180	5.0	27.49	21.58	1053.17	117.02	6.19		7.0	58.50	45.92	5177.30	379.29	9.41
	5.5	30.15	23.67	1148.79	127.64	6.17		7.5	62.56	49.11	5516.47	404.14	9.39
	6.0	32.80	25.75	1242.72	138.08	6.16		8.0	66.60	52.28	5851.71	428.70	9.37
	6.5	35.43	27.81	1335.00	148.33	6.14		9.0	74.64	58.60	6510.56	476.96	9.34
	7.0	38.04	29.87	1425.63	158.40	6.12		10	82.62	64.86	7154.09	524.11	9.31
	7.5	40.64	31.91	1514.64	168.29	6.10		12	98.39	77.24	8396.14	615.10	9.24
	8.0	43.23	33.93	1602.04	178.00	6.09		14	114.91	89.42	9579.75	701.84	9.17
	9.0	48.35	37.95	1772.12	196.90	6.05		16	129.18	101.41	10706.79	784.38	9.10
	10	53.41	41.92	1936.01	215.11	6.02	299	7.5	68.68	53.92	7300.02	488.30	10.31
	12	63.33	49.72	2245.84	249.54	5.95		8.0	73.14	57.41	7747.42	518.22	10.29
194	5.0	29.69	23.31	1326.54	136.76	6.68		9.0	82.00	64.37	8628.09	577.13	10.26
	5.5	32.57	25.57	1447.86	149.26	6.67		10	90.79	71.27	9490.15	634.79	10.22
	6.0	35.44	27.82	1567.21	161.57	6.65		12	108.20	84.93	11159.52	746.46	10.16
	6.5	38.29	30.06	1684.61	173.67	6.63		14	125.35	98.40	12757.61	853.35	10.09
	7.0	41.12	32.28	1800.08	185.57	6.62		16	142.25	111.67	14286.48	955.62	10.02
	7.5	43.94	34.50	1913.64	197.28	6.60	325	7.5	74.81	58.73	9431.80	580.42	11.23
	8.0	46.75	36.70	2025.31	208.79	6.58		8.0	79.67	62.54	10013.92	616.24	11.21
	9.0	52.31	41.05	2243.08	231.25	6.55		9.0	89.35	70.14	11161.33	686.85	11.18
	10	57.81	45.38	2453.55	252.94	6.51		10	98.96	77.68	12286.52	756.09	11.14
	12	68.61	53.86	2853.25	294.15	6.45		12	118.00	92.63	14471.45	890.55	11.07
203	6.0	37.13	29.15	1803.07	177.64	6.97		14	136.78	107.38	16570.98	1019.75	11.01
	6.5	40.13	31.50	1938.81	191.02	6.95		16	155.32	121.93	18587.38	1143.84	10.94
	7.0	43.10	33.84	2072.43	204.18	6.93	351	8.0	86.21	67.67	12684.36	722.76	12.13
	7.5	46.06	36.16	2203.94	217.14	6.92		9.0	96.70	75.91	14147.55	806.13	12.10
	8.0	49.01	38.47	2333.37	229.89	6.90		10	107.13	84.10	15584.62	888.01	12.06
	9.0	54.85	43.06	2586.08	254.79	6.87		12	127.80	100.32	18381.63	1047.39	11.99
	10	60.63	47.60	2830.72	278.89	6.83		14	148.22	116.35	21077.86	1201.02	11.93
	12	72.01	56.52	3296.49	324.78	6.77		16	168.39	132.19	23675.75	1349.05	11.86
	14	83.13	65.25	3732.07	367.69	6.70							
	16	94.00	73.79	4138.78	407.76	6.64							

尺寸 (mm) d	t	截面面积 A (cm²)	每米重量 (kg/m)	截面特性 I (cm⁴)	W (cm³)	i (cm)	尺寸 (mm) d	t	截面面积 A (cm²)	每米重量 (kg/m)	截面特性 I (cm⁴)	W (cm³)	i (cm)
377	9	104.00	81.68	17628.57	935.20	13.02	500	9	138.76	108.98	41860.49	1674.42	17.36
	10	115.24	90.51	19430.86	1030.81	12.98		10	153.86	120.84	46231.77	1849.27	17.33
	11	126.42	99.29	21203.11	1124.83	12.95		11	168.90	132.65	50548.75	2021.95	17.29
	12	137.53	108.02	22945.66	1217.28	12.91		12	183.88	144.42	54811.88	2192.48	17.26
	13	148.59	116.70	24658.84	1308.16	12.88		13	198.79	156.13	59021.61	2360.86	17.22
	14	159.58	125.33	26342.98	1397.51	12.84		14	213.65	167.80	63178.39	2527.14	17.19
	15	170.50	133.91	27998.42	1485.33	12.81		15	228.44	179.41	67282.66	2691.31	17.15
	16	181.37	142.45	29625.48	1571.64	12.78		16	243.16	190.98	71334.87	2853.39	17.12
402	9	111.06	87.23	21469.37	1068.13	13.90	530	9	147.23	115.64	50009.99	1887.17	18.42
	10	123.09	96.67	23676.21	1177.92	13.86		10	163.28	128.24	55251.25	2084.95	18.39
	11	135.05	106.07	25848.66	1286.00	13.83		11	179.26	140.79	60431.21	2280.42	18.35
	12	146.95	115.42	27987.08	1392.39	13.80		12	195.18	153.30	65550.35	2473.60	18.32
	13	158.79	124.71	30091.82	1497.11	13.76		13	211.04	165.75	70609.15	2664.50	18.28
	14	170.56	133.96	32163.24	1600.16	13.73		14	226.83	178.15	75608.08	2853.14	18.25
	15	182.28	143.16	34201.69	1701.58	13.69		15	242.57	190.51	80547.62	3039.53	18.22
	16	193.93	152.31	36207.53	1801.37	13.66		16	258.23	202.82	85428.24	3223.71	18.18
426	9	117.84	93.00	25646.28	1204.05	14.75	550	9	152.89	120.08	55992.00	2036.07	19.13
	10	130.62	102.59	28294.52	1328.38	14.71		10	169.56	133.17	61873.07	2249.93	19.10
	11	143.34	112.58	30903.91	1450.89	14.68		11	186.17	146.22	67687.94	2461.38	19.06
	12	156.00	122.52	33474.84	1571.59	14.64		12	202.72	159.22	73437.11	2670.44	19.03
	13	168.59	132.41	36007.67	1690.50	14.60		13	219.20	172.16	79121.07	2877.13	18.99
	14	181.12	142.25	38502.80	1807.64	14.57		14	235.63	185.06	84740.31	3081.47	18.96
	15	193.58	152.04	40960.60	1923.03	14.54		15	251.99	197.91	90295.34	3283.47	18.92
	16	205.98	161.78	43381.44	2036.69	14.51		16	268.28	210.71	95786.64	3483.15	18.89
450	9	124.63	97.88	30332.67	1348.12	15.60	560	9	155.71	122.30	59154.07	2112.65	19.48
	10	138.61	108.51	33477.56	1487.89	15.56		10	172.70	135.64	65373.70	2334.78	19.45
	11	151.63	119.09	36578.87	1625.73	15.53		11	189.62	148.93	71524.61	2554.45	19.41
	12	165.04	129.62	39637.01	1761.65	15.49		12	206.49	162.17	77607.30	2771.69	19.38
	13	178.38	140.10	42652.38	1895.66	15.46		13	223.29	175.37	83622.29	2986.51	19.34
	14	191.67	150.53	45625.38	2027.79	15.42		14	240.02	188.51	89570.06	3198.93	19.31
	15	204.89	160.92	48556.41	2158.06	15.39		15	256.70	201.61	95451.14	3408.97	19.28
	16	218.04	171.25	51445.87	2286.48	15.35		16	273.31	214.65	101266.01	3616.64	19.24
465	9	128.87	101.21	33533.41	1442.30	16.13	600	9	167.02	131.17	72992.31	2433.08	20.90
	10	142.87	112.46	37018.21	1592.18	16.09		10	185.26	145.50	80696.05	2689.87	20.86
	11	156.81	123.16	40456.34	1740.06	16.06		11	203.44	159.78	88320.50	2944.02	20.83
	12	170.69	134.04	43848.22	1885.94	16.02		12	221.56	174.01	95866.21	3195.54	20.79
	13	184.51	144.81	47194.27	2029.86	15.99		13	239.61	188.19	103333.73	3444.46	20.76
	14	198.26	155.71	50494.89	2171.82	15.95		14	257.61	202.32	110723.59	3690.79	20.72
	15	211.95	166.47	53750.51	2311.85	15.92		15	275.54	216.41	118036.75	3934.55	20.69
	16	225.58	173.22	56961.53	2449.96	15.88		16	293.40	230.44	125272.54	4175.75	20.66
480	9	133.11	104.54	36951.77	1539.66	16.66	630	9	175.50	137.83	84679.83	2688.25	21.96
	10	147.58	115.91	40300.14	1700.01	16.62		10	194.68	152.90	93639.59	2972.69	21.92
	11	161.99	127.23	44598.63	1858.28	16.59		11	213.80	167.92	102511.65	3254.34	21.89
	12	176.34	138.50	48347.69	2014.49	16.55		12	232.86	182.89	111296.59	3533.23	21.85
	13	190.63	149.08	52047.74	2168.66	16.52		13	251.86	197.81	118884.98	3809.36	21.82
	14	204.85	160.20	55699.21	2320.80	16.48		14	270.79	212.68	128607.39	4082.77	21.78
	15	219.02	172.01	59302.54	2470.94	16.44		15	289.67	227.50	137134.39	4353.47	21.75
	16	233.11	183.08	62858.14	2619.09	16.41		16	308.47	242.27	145576.54	4621.48	21.72

2. 电焊钢管（直缝管）的规格及截面特性（按 GB/T 13793—1992 计算）

I——截面惯性矩；

W——截面抵抗矩；

i——截面回转半径。

尺寸 (mm)		截面面积 A (cm²)	每米重量 (kg/m)	截面特性			尺寸 (mm)		截面面积 A (cm²)	每米重量 (kg/m)	截面特性		
d	t			I (cm⁴)	W (cm³)	i (cm)	d	t			I (cm⁴)	W (cm³)	i (cm)
32	2.0	1.88	1.48	2.13	1.33	1.06		2.0	5.47	4.29	51.75	11.63	3.08
	2.5	2.32	1.82	2.54	1.59	1.05		2.5	6.79	5.33	63.59	14.29	3.06
38	2.0	2.26	1.78	3.68	1.93	1.27	89	3.0	8.11	6.36	75.02	16.86	3.04
	2.5	2.79	2.19	4.41	2.32	1.26		3.5	9.40	7.38	86.05	19.34	3.03
40	2.0	2.39	1.87	4.32	2.16	1.35		4.0	10.68	8.38	96.68	21.73	3.01
	2.5	2.95	2.31	5.20	2.60	1.33		4.5	11.95	9.38	106.92	24.03	2.99
42	2.0	2.51	1.97	5.04	2.40	1.42		2.0	5.84	4.59	63.20	13.31	3.29
	2.5	3.10	2.44	6.07	2.89	1.40	9.5	2.5	7.26	5.70	77.76	16.37	3.27
45	2.0	2.70	2.12	6.26	2.78	1.52		3.0	8.67	6.81	91.83	19.33	3.25
	2.5	3.34	2.62	7.56	3.36	1.51		3.5	10.06	7.90	105.45	22.20	3.24
	3.0	3.96	3.11	8.77	3.90	1.49		2.0	6.28	4.93	78.57	15.41	3.54
51	2.0	3.08	2.42	9.26	3.63	1.73		2.5	7.81	6.13	96.77	18.97	3.52
	2.5	3.81	2.99	11.23	4.40	1.72		3.0	9.33	7.32	114.42	22.43	3.50
	3.0	4.52	3.55	13.08	5.13	1.70	102	3.5	10.83	8.50	131.52	25.79	3.48
	3.5	5.22	4.10	14.81	5.81	1.68		4.0	12.32	9.67	148.09	29.04	3.47
53	2.0	3.20	2.52	10.43	3.94	1.80		4.5	13.78	10.82	164.14	32.18	3.45
	2.5	3.97	3.11	12.67	4.78	1.79		5.0	15.24	11.96	179.68	35.23	3.43
	3.0	4.71	3.70	14.78	5.58	1.77		3.0	9.90	7.77	136.69	25.28	3.71
	3.5	5.44	4.27	16.75	6.32	1.75	108	3.5	11.49	9.02	157.02	29.08	3.70
57	2.0	3.46	2.71	13.08	4.59	1.95		4.0	13.07	10.26	176.95	32.77	3.68
	2.5	4.28	3.36	15.93	5.59	1.93		3.0	10.46	8.21	161.24	28.29	3.93
	3.0	5.09	4.00	18.61	6.53	1.91		3.5	12.15	9.54	185.63	32.57	3.91
	3.5	5.88	4.62	21.14	7.42	1.90	114	4.0	13.82	10.85	209.35	36.73	3.89
60	2.0	3.64	2.86	15.34	5.11	2.05		4.5	15.48	12.15	232.41	40.77	3.87
	2.5	4.52	3.55	18.70	6.23	2.03		5.0	17.12	13.44	254.81	44.70	3.86
	3.0	5.37	4.22	21.88	7.29	2.02		3.0	11.12	8.73	193.69	32.01	4.17
	3.5	6.21	4.88	24.88	8.29	2.00	121	3.5	12.92	10.14	223.17	36.89	4.16
63.5	2.0	3.86	2.03	18.29	5.76	2.18		4.0	14.70	11.54	251.87	41.63	4.14
	2.5	4.79	3.76	22.32	7.03	2.16		3.0	11.69	9.17	224.75	35.39	4.39
	3.0	5.70	4.48	26.15	8.24	2.14		3.5	13.58	10.66	259.11	40.80	4.37
	3.5	6.60	5.18	29.79	9.38	2.12	127	4.0	15.46	12.13	292.61	46.08	4.35
70	2.0	4.27	3.35	24.22	7.06	2.41		4.5	17.32	13.59	325.29	51.23	4.33
	2.5	5.30	4.16	30.23	8.64	2.39		5.0	19.16	15.04	357.14	56.24	4.32
	3.0	6.31	4.96	35.50	10.14	2.37		3.5	14.24	11.18	298.71	44.92	4.58
	3.5	7.31	5.48	40.53	11.58	2.35		4.0	16.21	12.73	337.53	50.76	4.56
	4.5	9.26	7.18	49.89	14.26	2.32	133	4.5	18.17	14.26	375.42	56.45	4.55
76	2.0	4.65	3.65	31.85	8.38	2.62		5.0	20.11	15.78	412.40	62.02	4.53
	2.5	5.77	4.53	39.03	10.27	2.60		3.5	15.01	11.78	349.79	49.97	4.83
	3.0	6.88	5.40	45.91	12.08	2.58		4.0	17.09	13.42	395.47	56.50	4.81
	3.5	7.97	6.26	52.50	13.82	2.57	140	4.5	19.16	15.04	440.12	62.87	4.79
	4.0	9.05	7.10	58.81	15.48	2.55		5.0	21.21	16.65	483.76	69.11	4.78
	4.5	10.11	7.93	64.85	17.07	2.53		5.5	23.24	18.24	526.40	75.20	4.76
83	2.0	5.09	4.00	41.76	10.06	2.86		3.5	16.33	12.82	450.35	59.26	5.25
	2.5	6.32	4.96	51.26	12.35	2.85		4.0	18.60	14.60	509.59	67.05	5.23
	3.0	7.54	5.92	60.40	14.56	2.83	152	4.5	20.85	16.37	567.61	74.69	5.22
	3.5	8.74	6.86	69.19	16.67	2.81		5.0	23.09	18.13	624.43	82.16	5.20
	4.0	9.93	7.79	77.64	18.71	2.80		5.5	25.31	19.87	680.06	89.48	5.18
	4.5	11.10	8.71	85.76	20.67	2.78							

尺　寸（mm）		截面面积 A（cm²）	每米重量（kg/m）	截　面　特　性			生产厂家
d	t			I（cm⁴）	W（cm³）	i（cm）	

尺寸 d	t	A (cm²)	kg/m	I (cm⁴)	W (cm³)	i (cm)	生产厂家
219.1	5	33.61	26.61	1988.54	176.04	7.57	
	6	40.15	31.78	2822.53	208.36	7.54	
	7	46.62	36.91	2266.42	239.75	7.50	
	8	53.03	41.98	2900.39	283.16	7.49	
244.5	5	37.60	29.77	2699.28	220.80	8.47	宝鸡石油钢管厂
	6	44.93	35.57	3199.36	261.71	8.44	
	7	52.20	41.33	3686.70	301.57	8.40	
	8	59.41	47.03	4611.52	340.41	8.37	
273	6	50.30	39.82	4888.24	328.81	9.44	
	7	58.47	46.29	5178.63	379.39	9.41	
	8	66.57	52.70	5853.22	428.81	8.37	
323.9	6	59.89	59.89	7574.41	467.70	11.24	
	7	69.65	69.65	8754.84	540.59	11.21	
	8	79.35	79.35	9912.63	612.08	11.17	
325	6	60.10	47.70	7653.29	470.97	11.28	
	7	69.90	55.40	8846.29	544.39	11.25	
	8	79.63	63.04	10016.50	616.40	11.21	
355.6	6	65.87	52.23	10073.14	566.54	12.36	
	7	76.62	60.68	11652.71	655.38	12.33	
	8	87.32	69.08	13204.77	742.68	12.25	
377	6	69.90	55.40	11079.13	587.75	13.12	
	7	81.33	64.37	13932.53	739.13	13.08	
	8	92.69	73.30	15795.91	837.98	13.05	宝鸡石油钢管厂
	9	104.00	82.18	17628.57	935.20	13.02	沙市钢管厂
406.4	6	75.44	59.75	15132.21	744.70	14.16	
	7	87.79	69.45	17523.75	862.39	14.12	
	8	100.09	79.10	19879.00	978.30	14.09	
	9	112.31	88.70	22198.33	1092.44	14.05	
	10	124.47	98.26	24482.10	1204.83	14.02	
426	6	79.13	62.65	17464.62	819.94	14.85	
	7	92.10	72.83	20231.72	949.85	14.82	
	8	105.00	82.97	22958.81	1077.88	14.78	
	9	117.84	93.05	25646.28	1206.05	14.75	
	10	130.62	103.09	28294.52	1328.38	14.71	

3. 方形空心型钢的尺寸、截面面积、理论重量及截面特性（摘自 GB 6728—2002）

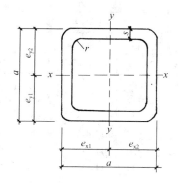

I_{xy}——截面惯性矩；

W_{xy}——截面抵抗矩；

i_{xy}——截面回转半径。

I_t、W_t——扭转常数

r——圆弧半径

尺寸		面积 F (cm²)	重量 M (kg/m)	型 钢 重 心		截 面 参 数				
						$x - x = y - y$			扭转常数	
a	$s = r$			$e_{x1} = e_{x2}$	$e_{y1} = e_{y2}$	I_{xy}	W_{xy}	i_{xy}	I_t	W_t
(mm)		(cm²)	(kg/m)	(cm)		(cm²)	(cm²)	(cm²)	(cm²)	(cm²)
20	1.6	1.111	0.873	1.0	1.0	0.607	0.607	0.739	1.025	1.067
20	2.0	1.336	1.050	1.0	1.0	0.691	0.691	0.719	1.197	1.265
25	1.2	1.105	0.868	1.25	1.25	1.025	0.820	0.963	1.655	1.352
25	1.5	1.325	1.062	1.25	1.25	1.216	0.973	0.948	1.998	1.643
25	2.0	1.736	1.363	1.25	1.25	1.482	1.186	0.923	2.502	2.085
30	1.2	1.345	1.057	1.5	1.5	1.833	1.222	1.167	2.925	1.983
30	1.6	1.751	1.376	1.5	1.5	2.308	1.538	1.147	3.756	2.565
30	2.0	2.136	1.678	1.5	1.5	2.721	1.814	1.128	4.511	3.105
30	2.5	2.589	2.032	1.5	1.5	3.154	2.102	1.103	5.347	3.720
30	2.6	2.675	2.102	1.5	1.5	3.230	2.153	1.098	5.499	3.836
30	3.01	3.205	2.518	1.5	1.5	3.643	2.428	1.066	6.369	4.518
40	2	1.825	1.434	2.0	2.0	4.532	2.266	1.575	7.125	3.606
40	1.6	2.391	1.879	2.0	2.0	5.794	2.897	1.556	9.247	4.702
40	2.0	2.936	2.307	2.0	2.0	6.939	3.469	1.537	11.238	5.745
40	2.5	3.589	2.817	2.0	2.0	8.213	4.106	1.512	13.539	6.970
40	2.6	3.715	2.919	2.0	2.0	8.447	4.223	1.507	13.974	7.205
40	3.0	4.208	3.303	2.0	2.0	9.320	4.660	1.488	15.628	8.109
40	4.0	5.347	4.198	2.0	2.0	11.064	5.532	1.438	19.152	10.120
50	2.0	3.736	2.936	2.5	2.5	14.146	5.658	1.945	22.575	9.185
50	2.5	4.589	3.602	2.5	2.5	16.941	6.776	1.921	27.436	11.220
50	2.6	4.755	3.736	2.5	2.5	17.467	6.987	1.916	28.369	11.615
50	3.0	5.408	4.245	2.5	2.5	19.463	7.785	1.897	31.972	13.149
50	3.2	5.726	4.499	2.5	2.5	20.397	8.159	1.887	33.694	13.890
50	4.0	6.947	5.454	2.5	2.5	23.725	9.490	1.847	40.047	16.680
50	5.0	8.356	6.567	2.5	2.5	27.012	10.804	1.797	46.760	19.767

尺寸		面积 F	重量 M	型 钢 重 心		截 面 参 数				
						$x-x=y-y$			扭转常数	
a	$S=r$	(cm^2)	(kg/m)	$e_{x1}=e_{x2}$	$e_{y1}=e_{y2}$	I_{xy}	W_{xy}	i_{xy}	I_t	W_t
(mm)				(cm)		(cm^4)	(cm^3)	(cm)	(cm^4)	(cm^3)
60	2.0	4.538	3.564	3.0	3.0	25.141	8.380	2.354	39.725	13.425
60	2.5	5.589	4.387	3.0	3.0	30.340	10.113	2.329	48.539	16.470
60	2.6	5.795	4.554	3.0	3.0	31330	10.443	2.325	50.247	17.064
60	3.0	6.608	5.187	3.0	3.0	35.130	11.710	2.505	56.892	19.389
60	4.0	8.547	6.710	3.0	3.0	43.539	14.513	2.256	72.188	24.840
60	5.0	10.356	8.129	3.0	3.0	50.468	16.822	2.207	85.560	29.767
70	2.0	5.336	4.193	3.5	3.5	40.724	11.635	2.762	63.886	18.465
70	2.6	6.835	5.371	3.5	3.5	51.075	14.593	2.733	81.165	23.554
70	3.2	8.286	6.511	3.5	3.5	60.612	17.317	2.704	97.649	28.431
70	4.0	10.147	7.966	3.5	3.5	72.108	20.602	2.665	117.975	34.690
70	5.0	12.356	9.699	3.5	3.5	84.602	24.172	2.616	141.183	41.767
80	2.0	6.132	4.819	4.0	4.0	61.697	15.424	3.170	96.258	24.305
80	2.6	7.875	6.188	4.0	4.0	77.743	19.435	3.141	122.686	31.084
80	3.2	9.566	7.517	4.0	4.0	92.708	23.177	3.113	147.953	37.622
80	4.0	11.747	9.222	4.0	4.0	111.031	27.757	3.074	179.808	45.960
80	5.0	14.356	11.269	4.0	4.0	131.414	32.853	3.025	216.628	55.767
80	6.0	16.832	13.227	4.0	4.0	149.121	37.280	2.976	250.050	64.877
90	2.0	6.936	5.450	4.5	4.5	88.857	19.746	3.579	138.042	30.945
90	2.6	8.915	7.005	4.5	4.5	112.373	24.971	3.550	176.367	39.653
90	3.2	10.846	8.523	4.5	4.5	134.501	29.889	3.521	213.234	48.092
90	4.0	13.347	10.478	4.5	4.5	161.907	35.979	3.482	260.088	58.920
90	5.0	16.356	12.839	4.5	4.5	192.903	42.867	3.434	314.896	71.767
100	2.6	9.955	7.823	5.0	5.0	156.006	31.201	3.958	243.770	49.263
100	3.2	12.126	9.529	5.0	5.0	187.274	37.454	3.929	295.313	59.842
100	4.0	14.947	11.734	5.0	5.0	226.337	45.267	3.891	361.213	73.480
100	5.0	18.356	14.409	5.0	5.0	271.071	54.214	3.842	438.986	89.767
100	8.0	27.791	21.838	5.0	5.0	379.601	75.920	3.695	640.756	133.446
115	2.6	11.515	9.048	5.75	5.75	240.609	41.845	4.571	374.015	65.627
115	3.2	14.046	11.037	5.75	5.75	289.817	50.403	4.542	454.126	79.868
115	4.0	17.347	13.630	5.75	5.75	351.897	61.199	4.503	557.238	98.320
115	5.0	21.356	16.782	5.75	5.75	423.969	73.733	4.455	680.099	120.517
120	3.2	14.686	11.540	6.0	6.0	330.874	55.145	4.746	517.542	87.183
120	4.0	18.147	14.246	6.0	6.0	402.260	67.043	4.708	635.603	107.400
120	5.0	22.356	17.549	6.0	6.0	485.441	80.906	4.659	776.632	131.767
130	4.0	20.547	16.146	6.75	6.75	581.681	86.175	5.320	913.966	137.040

主　要　参　考　文　献

[1] Z.S. 马柯夫斯基(英). 穹顶网壳分析设计与施工. 赵惠麟等译著. 江苏：江苏科学技术出版社，1992.

[2] 尹德钰、刘善维、钱若军. 网壳结构设计. 北京：中国建筑工业出版社，1996.

[3] 沈祖炎、陈扬骥. 网架与网壳，上海：同济大学出版社，1997.

[4] 肖炽、马少华、王伟成. 空间结构设计与施工. 南京：东南大学出版社，1993.

[5] 沈祖炎、严慧、马克俭、陈扬骥. 空间网架结构. 贵州：贵州人民出版社，1987.

[6] 沈世钊、徐崇宝、赵臣. 悬索结构设计. 北京：中国建筑工业出版社，1997.

[7] 朱伯芳. 有限单元法原理与应用. 北京：水利电力出版社，1979.

[8] 陈绍藩. 钢结构(第二版). 北京：中国建筑工业出版社，1994.

[9] 中国钢结构协会空间结构协会. 面向21世纪的空间结构发展战略. 福建，厦门，1999.

[10] 中国空间结构委员会. 第三届空间结构学术交流会论文集. 1986.

[11] 中国空间结构委员会. 第四届空间结构学术交流会论文集. 1988.

[12] 中国空间结构委员会. 第五届空间结构学术交流会论文集. 1990.

[13] 中国空间结构委员会. 第六届空间结构学术交流会论文集. 1992.

[14] 中国空间结构委员会. 第七届空间结构学术交流会论文集. 1994.

[15] 中国空间结构委员会. 第八届空间结构学术交流会论文集. 1997.

[16] 膜结构产品技术研讨会会议资料. 上海，1998.

[17] 尹思明、胡瀛珊. 多次预应力钢网壳屋盖结构的设计研究与工程实践. 建筑结构学报，1996(17)(6).

[18] 崔振亚、张国庆. 国家奥林匹克体育中心综合体育馆屋盖结构设计. 建筑结构学报，1991(12)(1).

[19] 吴耀华、张勇等. 新加坡港务局(PSA)仓库钢结构斜拉网架设计. 工业建筑，1994(24)(10).

[20] 董石麟. 新型网壳结构的应用与发展. 工程力学，1996 增刊.

[21] 王昆旺、张洪英等. 悬挂网架结构设计. 空间结构，1997(3)(4).

[22] 哈尔滨建筑工程学院. 大跨房屋钢结构(新一版). 北京：中国建筑工业出版社，1993.

[23] 李和华. 钢结构连接节点设计手册. 北京：中国建筑工业出版社，1992.

[24] 汪一骏. 网架结构设计手册. 北京：中国建筑工业出版社，1998.

[25] 汪一骏. 轻型钢结构设计手册. 北京：中国建筑工业出版社，1996.

[26] 网架结构设计与施工规程. JGJ7-91. 北京：中国建筑工业出版社，1992.

[27] 李著璟. 特种结构. 北京：清华大学出版社，1988.

[28] 悬索结构技术规程(报批稿)，1996.

[29] 金问鲁. 悬挂结构计算理论. 浙江：浙江科学技术出版社，1981.

[30] 网壳结构技术规程 JGJ 61—2003. 北京：中国建筑工业出版社，2003.

[31] 刘锡良. 现代空间结构. 天津：天津大学出版社，2003:

[32] 中国空间结构委员会. 第九届空间结构学术交流会论文集. 2000.

[33] 中国空间结构委员会. 第十届空间结构学术交流会论文集. 2002.

[34] 中国空间结构委员会. 第十一届空间结构学术交流会论文集. 2005.

[35] 杨庆山、姜忆南. 张拉索-膜结构分析与设计. 北京：科学出版社，2004.